日本の宇宙開発最前線

松浦晋也
MATSUURA Shinya

はじめに～衛星も有人宇宙船も、民間が開発・運用するものに

１９５７年10月４日に、旧ソ連が世界初の人工衛星「スプートニク１号」を打ち上げてから、２０２４年末の時点で67年が経つ。日数にして２万４５６０日。

１９６１年４月12日に、同じく旧ソ連がユーリ・ガガーリン宇宙飛行士を乗せた世界初の有人宇宙船「ボストーク１号」を打ち上げ、地球一周の後に無事帰還に成功してから、63年で、２万３２７４日。

１９６９年７月20日に、アメリカの「アポロ11号」に搭乗したニール・アームストロング／バズ・オルドリン両宇宙飛行士が人類として初めて月面に降り立ってから55年で、２万２５３日。

１９８１年４月12日に、アメリカのスペースシャトル「コロンビア」が初めて打ち上げられてから43年で、１万５９６９日。

１９８９年８月25日に、アメリカの外惑星探査機「ボイジャー２号」が太陽系でもっとも外側の惑星である海王星に接近観測を行ってから、35年で、１万２９１２日。

今、世界の宇宙開発に、大きな変化が起きつつある。

これまで、宇宙開発は国が行うものだった。それが民間が積極的に投資して行う経済活動――ビジネスに変化しつつある。21世紀も四半世紀が経過しようかという今、民間企業が宇宙開発の主体となりつつある。

スプートニク1号を打ち上げたのは、ソビエト社会主義共和国連邦（ソ連）という国家だった。ボストーク1号を打ち上げたのも、同じくソ連だ。アポロ計画を立ち上げ、アポロ11号を打ち上げたのは、アメリカ合衆国という国。スペースシャトルを開発して打ち上げたのもアメリカ。ボイジャー2号を開発し、打ち上げ、運用し続けているのもアメリカという国家だ。

スペースシャトルを例に取るなら、アメリカ政府の独立行政機関である米航空宇宙局（NASA）が、計画を立ち上げ、スペースシャトルという宇宙飛行のための巨大システムの開発と運航のマネジメントを行い、米航空産業各社に実際の機体製造や運用の仕事を発注していた。

では現状はどうか。

２０１１年に完成し、２０２３年末の現在も定常的に６名の宇宙飛行士が滞在しての運用が続いている国際宇宙ステーション（ＩＳＳ）は、世界各国が協力する国際協力プロジェクトとして運用されている。現在、宇宙飛行士の交代は、ロシアとアメリカが担当している。

が、実際にアメリカ側の宇宙飛行士の交代を担当しているのは、米スペースＸ社が開発した有人宇宙船「クルー・ドラゴン」だ。クルー・ドラゴンの開発主体は米政府でもＮＡＳＡでもない。スペースＸ社だ。運用しているのもスペースＸ社。ＮＡＳＡは、スペースＸ社から、「クルー・ドラゴンを使った宇宙飛行士のＩＳＳへの往復飛行というサービス」を購入している。

アメリカ担当分のＩＳＳへの物資補給は、スペースＸの「ドラゴン」無人貨物輸送船及び、ノースロップ・グラマン社の「シグナス」無人貨物補給船が行っている。これもまたそれぞれのメーカーが開発したものを、それぞれのメーカーが責任を持って運航している。ＮＡＳＡは各メーカーから「ＩＳＳへ貨物を輸送する」というサービスを購入しているのだ。私達が、日本通運に引っ越し荷物の輸送を頼むと、日本通運が責任を持って荷物を引っ越し先まで送り届けてくれるのと同じである。

現状をもう少し細かく見ていこう。

宇宙空間には色々な利用方法がある。電波を中継して遠隔地との通信を可能にする通信衛星、宇宙空間から一気に広く電波を送り出して、各家庭でのテレビ放送受信を可能にする放送衛星、宇宙から地球表面を観察する地球観測衛星、衛星から送信する電波を使って自分が今どこにいるかを知る測位衛星――その多くが今や民間企業が開発し、サービスを提供する商品となっている。

衛星や探査機は現在では、ほぼ民間メーカーが商品として開発し、販売するものとなっている。政府が主体となって開発するのは、①新たな技術を開発する技術開発衛星、②偵察衛星やミサイル発射を検知する早期警戒衛星のような安全保障用途衛星、③測位衛星のような民間も大々的に使っているが基本的に安全保障に不可欠の衛星、④惑星探査機や宇宙望遠鏡のような国の研究機関が最先端の科学研究を実施するために開発する探査機・衛星――に限られてきている。

有人宇宙船については、ロシアの「ソユーズ」（運用中）、中国の「神舟」（運用中）、インドの「ガガンヤーン」（開発中、２０２５年有人打ち上げ開始予定）と、現状では各国とも国が主体となって開発・運用している。

一方アメリカでは、有人宇宙船もスペースXの「クルー・ドラゴン」、ボーイングの「スターライナー」のように、地球周回軌道で使う宇宙船については民間が開発するものになっている。アメリカは２０１０年代に、「有人月・惑星探査に使う有人宇宙船は、国が主体となって開発し、地球周回軌道については民間に任せる」という方針を打ち出した。国際協力有人月探査計画「アルテミス」で使う「オリオン」有人宇宙船はＮＡＳＡが主体となって開発している。しかし一方で、アルテミス計画における月着陸船はスペースXが開発することになっており、この分野でも民間の進出は進んでいる。

また、米ブルー・オリジン社のように、国からの補助金に頼るのではなく、主に自社投資で有人宇宙船を開発するベンチャーも出現している。ブルー・オリジンは、米ネット流通大手のアマゾン・ドットコムの創立者ジェフ・ベゾスが立ち上げた宇宙ベンチャーだ。ベゾスの保有するアマゾン株式を計画的に売却することで開発資金を賄（まかな）っている。

このような「開発の主体は民へ、官は民からサービスを購入する」という形態の宇宙開発は、21世紀に入ってからのものだ。きっかけとなったのは、アメリカ・NASAの方針変更である。1958年に政府系独立機関として設立されたNASAは、アポロ計画以来「NASAが主体となって宇宙計画を実施し、民間企業に仕事を発注する」というやり方でアメリカの宇宙開発を担ってきた。アポロ計画の後の、スペースシャトル開発も、ISSの開発も「政府機関であるNASAが計画における技術開発の主体となる」という点では変わりなかった。

が、2006年以降、NASAは「国は民間に注文を出し、民間が主体になって技術開発を行う。ただし民間は技術開発投資を負担し切れないので、国が大規模に補助金を出す」というやり方をとるようになった。技術開発の主体を民間企業に移し、NASAは民間が開発した技術をサービスとして購入するというやり方にシフトしたのである。補助金はラウンド制を採用し、ラウンドが進むごとに補助金の金額を増やしつつ参加企業を絞っていって、最終的に2社を残す。

官から民へのシフトが起きた背景には、スペースシャトル引退後のアメリカにおける宇宙計画の迷走があった。2004年当時のブッシュ米大統領は新たな宇宙政策を発表し、

2010年のISS完成とスペースシャトル引退を表明した。その上で次の大型宇宙計画として有人月探査計画「コンステレーション」の実施を表明したのである。しかし、ISSは大型の国際協力計画であり、ステーション完成後も、アメリカには維持運用の義務が課せられる。新たな有人月探査計画の実施とISSの維持運用は、NASAの予算規模では同時に実施できるものではなく、その結果、NASAは民間の力を使ってISSの維持を行うことにしたのだった。

NASAの補助金を駆使する手法は、最初はスペースシャトル引退後に国際宇宙ステーション（ISS）への補給物資を運ぶ、貨物輸送船と貨物輸送船を打ち上げるロケットを開発する「COTS（Commercial Orbital Transportation Services）」で採用された。2006年に始まったCOTSは成功し、これでスペースXの「ドラゴン」貨物輸送船と「ファルコン9」ロケット、ノースロップ・グラマン社（開発時はオービタル・サイエンシズ社）の「シグナス」貨物輸送船と「アンタレス」ロケットが開発された。「ドラゴン」は2012年から、「シグナス」は2013年から、ISSへの物資補給に使われている。

NASAは、COTSの成功を受けて、ISSの乗組員交代に使う有人宇宙船も同じ手法を用いて開発するとして、2010年に「CCDev計画（Commercial Crew Space

Transportation Development Program)」を立ち上げた。こちらでは、スペースXの「クルー・ドラゴン」有人宇宙船とファルコン9ロケットの組み合わせと、ボーイング社の「スターライナー」有人宇宙船と有人向けに改良された「アトラスV」と「ヴァルカン」ロケットという組み合わせが開発された。「クルー・ドラゴン」は、2020年からISSへの往復に使われるようになっている。スターライナーは開発が遅延していたが、2024年6月に最初の有人飛行を実施した。

COTSとCCDevの成功を受けて、米政府は月面へ科学観測機器や無人探査車などを送り込む輸送システムの開発でも同様の補助金を出す手法を採用し、2018年に「商業月面輸送サービス（CLIPS：Commercial Lunar Payload Services）」を立ち上げた。CLIPSに基づき、2024年1月には米アストロロボティック・テクノロジー社の無人月着陸船「ペレグリン」が打ち上げられたが、月面到達に失敗。2024年2月には米インテュティブ・マシンズ社の「Nova-C」着陸機が月面着陸に成功した。

このような宇宙分野への民間企業が営むビジネスの進出は、一朝一夕に起きたわけではない。宇宙開発の民間ビジネス化――宇宙商業化という――は1970年代からの課題であり、徐々に進んできた。すなわち、先述したイーロン・マスクのスペースXのような、

2024年現在次々に新技術を生み出し宇宙開発の最前線で存在感を放っているベンチャーというのは、官が作った下地の上で、民の力によって興されたものなのだ。

では、アメリカをはじめとする国々が「官から民へ」の流れをつくるべくそうした投資を行い、ベンチャーが活発に起業できる環境ができてきたとき、日本は何をしていたのか――行政の体制改革と省庁間の権力闘争に時間を費やし、新たな技術開発を抑圧したのである。結果、日本はロケット技術においても衛星技術においても世界から何年も遅れを取ることになった。

日本はここからどう巻き返していくべきか。日本も今後スペースXのように技術革新をリードすることはできるのか。それを探るため、まずは、世界各国における宇宙民営化の歴史を概観してみよう。

目次

第1章　技術開発と実用化の主体は官から民へ

徐々に進んだ宇宙の民間開放

最初に宇宙空間を利用したビジネスに成功したのは通信・放送衛星の分野だった。通信衛星による国際通信網の実現性が高まっていた１９６１年、米ケネディ大統領は国家主導の国際衛星通信組織の設立を提唱。その結果、１９６４年に各国の通信官庁や官営組織が加盟する国際衛星通信のための組織インテルサットが設立された。その後、欧州を中心とした船舶の通信に特化したインマルサット、インテルサット対抗で旧ソ連が東欧などと共に組織したインタースプートニクといった国際組織が１９８０年代まで、国際衛星通信を担うことになる。

１９８０年代に入ると当時の米レーガン政権が国際衛星通信をあらたな通信市場として民間企業に開放。その結果、世界各国も衛星通信の民間開放を行い、世界中で衛星通信会社が立ち上がった。現在では衛星通信は民間企業が行う事業となっている。

民間の通信会社が、民間の衛星メーカーに衛星を発注し、民間の打ち上げ企業に打ち上げを委託し、軌道上で引き渡しを受けた衛星を運用し、通信業務で利益を得て次世代の衛星を発注するという循環が回っているわけだ。

衛星放送は通信からやや遅れて民営化が進んだ。通信衛星と放送衛星の違いは、主に衛星側の電波の出力だ。衛星からより強い電波を発信して、その分家庭用の小さなアンテナでも受信できるようにするというのは衛星放送である。ところが、１９８０年代後半に入ると衛星搭載の通信機器が進歩して、通信衛星もより高出力で電波を送り出すことができるようになった。結果、通信衛星と放送衛星は技術的に同一ということになり、民間通信衛星会社の保有する通信衛星から一般家庭向けの衛星放送を行うことが可能になったのである。これと並行してデジタル技術の進歩で、１００チャンネル以上の多チャンネルの放送を衛星から行うことができるようになった。世界中で「スカパー！」のようなデジタル多チャンネル衛星放送サービスが始まり、１９９０年代には衛星放送は民営化された。

地球表面を観測する地球観測衛星の場合、民営化はそんなに簡単に進まなかった。アメリカ政府は１９７２年から地球観測衛星「ランドサット」シリーズを運用しており、１９８０年代にはランドサットも民営化しようとした。観測データを販売した収益で次の衛星を開発するというビジネスを立ち上げようとしたわけだ。ところがデータが全く売れなかったのである。

地球表面を観測するという点で、地球観測衛星と軍事用の偵察衛星の機能は同じだ。ただし撮影の仕方が異なる。

偵察衛星は特定の狭い範囲を撮像し、１ｍ以下、現在では10㎝程度の物体も識別できる映像を取得する。10㎝の物体が識別できるということは、1ピクセルが10㎝×10㎝に相当する画像を取得しているということである。このことを「分解能10㎝」という。偵察衛星は、超望遠レンズが付いたカメラだと思えば良い。

対して地球観測衛星は、地表面をなめるようにしてスキャンしていくスキャナーだ。ランドサット衛星の場合は地表を幅１８５㎞で延々とスキャンしていく。分解能は30ｍ（最新のランドサット10衛星では15ｍ）と、偵察衛星よりずっと低い。その代わり、偵察衛星では不可能な広い領域を一気に観測することができる。土壌の性質とか、土地の利用状況、植物の生育状況といったより広い範囲の情報を得るのに適しているわけだ。

１９８０年代、米政府は解像度の差を使って、偵察衛星と地球観測衛星の棲（す）み分けを図った。法律で民間が使える地球観測データは分解能30ｍ以上に限る、と規制をかけたのだ。その上で１９８０年代に米レーガン政権はランドサットも民営化しようとした。

ところがデータが全く売れなかった。売れなかった理由は色々あるが、一番大きな理由は「地球観測データをどう使っていいかを民間が理解していなかった」ということだ。地球観測データは様々な加工を行って、必要とする情報を抽出する必要がある。このことをデータの解析というが、解析には様々なノウハウが必須だ。地球観測衛星は、運用すればするほど大量の観測データが継続的に蓄積されていく。このため、運用にはノウハウを身につけた専門の解析要員が多数必要になる。この時期はまだ、多数の解析要員を雇用して、衛星観測データを解析することで、どんな有用な情報が得られるのかを、民間は理解できていなかった。また、解析ノウハウ自体もニーズに応じて進歩するものなので、今に比べれば未発達であったのも間違いない。

その一方で、デジタル技術の進歩で、地球観測衛星が取得するデータの解像度は向上していった。アメリカ一国で分解能に制限をかけても、他の国にはそれに従う理由はない。フランスは1986年に最大分解能10mの地球観測衛星「スポット1」を打ち上げて、データの販売を開始した。1991年にソ連が崩壊すると、ソ連が溜(た)め込んだ偵察衛星データを受け継いだロシアは分解能5mのデータの販売を始めた。

地球観測が有望市場となるには、2つの段階が必要だった。まず1992年に、米クリントン政権が、地球観測衛星の解像度制限を大きく緩和したことだ。民間に販売できる地球観測データの解像度は、30ｍから１ｍまで向上した。その結果、新しい規制に対応した高分解能地球観測衛星を運用しようとするベンチャー企業が立ち上がり、１９９９年から次々に衛星を打ち上げた。その後規制は技術の進歩に対応して何回か見直され、２０２４年現在は、分解能25㎝までのデータが販売できるようになっている。

もうひとつは21世紀に入ってからの人工知能（ＡＩ）の急速な発達だ。ＡＩを使ったデータ解析が進歩したことで、衛星観測データから様々な有用な情報をより低コストに抽出することが可能になった。

高分解能観測データの解禁とＡＩによる解析技術の進歩が揃（そろ）ったことで、２０１０年代に入ってやっと地球観測衛星分野への民間資本の流入が始まった。２０２４年現在、日本を含む世界各国で地球観測衛星システムを組み上げようとするベンチャーが立ち上がり、活発に活動している。

現在、スマートフォンを持っていると、自分が地球上のどこにいるかすぐに分かる。スマートフォンには測位チップという半導体が組み込んであるからだ。測位チップは、地球を周回している測位衛星という衛星からの電波を受信して、自分の位置を計算する機能を持つ。

測位衛星は20機以上の衛星がひとつのシステムを組んで、地球を周回している。２０２４年現在、アメリカの「ＧＰＳ」（Global Positioning System 衛星数24機）、ロシアの「ＧＬＯＮＡＳＳ」（衛星数24機）」、欧州の「ガリレオ」（衛星数30機）、中国の「北斗」（衛星数55機）と、４つの全世界的な測位衛星システムが運用されている。この他、一部地域に測位機能を提供するインドの「ＮａｖＩＣ」（衛星数７機、ベンガル湾からインド亜大陸、アラビア海にかけての範囲をカバー）と日本の「準天頂衛星システム（ＱＺＳＳ）」（衛星数４機、将来的に11機を予定。日本周辺を重点的にカバー）が運用中だ。

測位衛星システムの場合は、通信・放送衛星や地球観測衛星とはかなり違う経緯で民間ビジネスが進展した。というのも、測位衛星システムは大型の衛星数十機で構成される大規模なシステムであって、それ自身を民間が開発・運用することには無理があったからである。

測位衛星システムは、米ソが対立していた冷戦時代に、潜水艦から核弾頭を積んだ長距離ミサイルを発射するために開発された。核ミサイルを搭載した戦略型原子力潜水艦は、通常時は海中を潜航し、ミサイル発射時には浮上してくる。この時、自艦の正確な位置が分からないと、ミサイルの照準をつけることができない。そこで全世界のどこの海を航行していても自艦の位置が分かるように、測位衛星システムが開発された。やがて、測位衛星システムは進化して高度も含む3次元の位置が分かるようになり、航空機や車両、鉄道などでも利用できるようになった。

1970年代からシステムの構築が始まった米国防総省の測位衛星システム「GPS」が、一部の測位信号を民間でも使えるようにしたことから、測位衛星システムの民間利用が始まる。

GPSは、軍用と民生用の測位信号を発信するように設計されていた。軍用コードはPコード（Precision Code）、民生用コードをC／Aコード（Clear and Acquisition Code）といい、Pコードは暗号化されていて民間の測位機器は利用できない。測位の精度は、Pコードで10m程度だ。本来はC／Aコードでも同程度の精度が出るのだが、GPS衛星システムが部分的に稼働し始めた1980年代初頭から、米国防総省はSA（Selective Availability、選択利便性：精度劣化措置）という運用ポリシーを、C／Aコードに課していた。

ＳＡは「Ｃ／Ａコードの測位精度を１００ｍまで保証する」というもの。それ以上の精度で測位できたとしても、それは米国防総省として保証したものではないということだ。実際問題として、Ｃ／Ａコードの情報に意図的に誤差を付加して測位精度を劣化させるのだが、「意図的に誤差を混入させている」ことは認めないし否定もしないという政治的態度をとったわけである。

１００ｍまでの測位精度というのは実際微妙なところだ。例えばカーナビの誤差が１００ｍあったならば、都市部ではどこの道を走っているか分からなくなり、民生用であっても利用価値は大きく下がってしまう。

ＧＰＳ衛星の数が揃い、ある程度の時間連続した測位が可能になった１９８０年代末、Ｃ／Ａコードの測位精度は30～40ｍ前後で推移していた。米国防総省は「１００ｍまでしか保証しない」としつつ、30～40ｍ程度の精度となるように誤差を調整していたらしい。

１９９０年の夏から翌91年１月にかけて測位衛星の世界に大きな変化が起きた。１９９０年8月2日、フセイン大統領率いるイラクが隣国のクウェートに侵攻。これに対して国連安全保障理事会は即日、無条件撤退を求める安保理決議を採択し、米軍を中心とする多国籍軍をサウジアラビアに展開した。

この時、C／Aコードの測位精度はSAが保証する100mまで低下した。ところが1991年が明けた1月15日、突如としてC／Aコードの測位精度は10mにまで向上。1月17日に、多国籍軍はイラク領内へ侵攻する「砂漠の嵐」作戦を開始した。

いったい米国防総省が何を行ったのか。現在でも公表されていない。が、推測は可能である。どうやら米国防総省は、イラクが民生用受信機を利用することを危惧して、C／Aコードの測位精度を落としていたらしい。ところが、多国籍軍側でも軍用受信機の配備が間に合わず、C／Aコードの受信しかできない民生用受信機を多数配備することになってしまった。このため、米国防総省は作戦遂行にあたり誤差の混入を一時的に停止したのである。

この措置は1991年3月まで続き、事態収束とともにSAは復活した。しかし、この3ヶ月間に民間は、一気に精度が向上したGPSを利用し、その商業的な価値が非常に高いことに気が付いてしまった。

その結果、民間ではSAを無効化する技術開発が急速に進展した。特に、高精度で位置が分かっている場所でGPS測位を行って誤差を測定し、その値を地上の電波で端末に伝送するディファレンシャルGPS（Differential GPS）が実用化したことで、少なくともディファレンシャルＧＰＳのサービスが受けられる地域では、ＳＡは無意味となってしまった。日本でも１９９７年に測位機器メーカーが共同で、ＦＭラジオ放送に多重化して補正データを送信するディファレンシャルＧＰＳサービスを開始。高精度化したことで、ＧＰＳ利用のカーナビは「便利な機器」として認知されるようになり一気に普及が進んだ。民間での急速な普及を受けて、２０００年5月に米クリントン政権はついにＳＡを解除した。それにより、ＧＰＳはいつでもどこでも精度10ｍでの測位が可能になった。

今ではＧＰＳ受信機の機能は半導体ひとつにまで小型・省電力化が進み、スマートフォンに標準搭載されるようになっている。測位精度を向上させる技術の開発も進み、スマートフォンレベルでも１ｍ精度の測位が可能になっている。日本など一部地域では専用の受信機を使えば㎝単位の測位すら可能になっている。

測位衛星システムのほうも、「アメリカの独占を許すべきではない」と多様化が進んだ。受信機用の半導体も進歩し、今ではＧＰＳ／ガリレオ／ＧＬＯＮＡＳＳ／北斗のすべての信号を受信して高速・高精度の測位を可能にするマルチＧＮＳＳ（Global Navigation Satellite System）チップが当たり前になっている。

測位衛星システムはすべて政府の資金で開発、運用されており、民間主導ではない。なぜなら測位衛星システムは安全保障の中核でもあり、国としては民間に任せるわけにはいかないからだ。しかし、測位衛星の利用は完全に民間主導で展開している。

測位衛星システムは、高コストなシステムを安全保障という名目で国が負担し、利用分野を民間が積極的に開拓し、市場化することで、現代社会に必要不可欠な社会インフラストラクチャーとして機能しているわけだ。

ロケットもまた、民間が開発するものに

地上と宇宙とを結ぶロケット――スペースプレーンのような将来的に実現可能性があるものとひっくるめて宇宙輸送系と呼ぶ――は、地上から宇宙へと衛星や物資、人などを輸送する。宇宙開発にとって基礎となる重要なインフラストラクチャーだ。

ロケットは宇宙開発初期には「国が予算を投じて開発、運用するもの」だったものが、「国が主体となって開発した後に、完成後は民間が運用する」と変化してきた。

例えば日本のH-ⅡAロケットは国の技術開発期間である宇宙開発事業団(NASDA:2003年の宇宙機関統合を経て、現在は宇宙航空研究開発機構:JAXA)が開発し、

その後三菱重工業に移管され、同社が主体となって運用を行ってきている。2024年2月に打ち上げに成功した新型の「H3」ではもう一歩進んで、開発主体はJAXAと三菱重工業の二者となり、打ち上げが成功したので今後三菱重工業に移管されることが決まっている。

これは別に日本に限ったことではない。アメリカでは、もう一歩進んで、スペースX社、ユナイテッド・ローンチ・アライアンス社（ULA：ボーイング社とロッキード・マーチン社という航空宇宙大手2社による合弁会社）、ブルー・オリジン社といった民間企業が主体となって新型ロケットの開発を行っている。開発コストは補助金という形で、NASAや国防総省経由でアメリカ政府が支出し、政府は完成したロケットの打ち上げサービスを買い上げる形で、各企業の打ち上げビジネスを支援するという形態だ。

欧州では、国際組織の欧州宇宙機関（ESA）が、新型ロケット「アリアン6」を開発しているが、実際の開発の主導権はエアバス社とサフラン社という欧州航空宇宙大手2社の合弁会社であるアリアングループ社が持っている。ESA加盟各国の協議によってロケットの仕様が決まり、ESAの予算が開発資金としてアリアングループに提供されて、アリアングループが実際のロケットの開発を行っているわけだ。打ち上げ会社のアリアンスペースは、アリアングループの子会社だ。アリアングループの開発したアリアン6ロケットを使って、商業打ち上げサービスを実行するわけである。

２０２４年現在、宇宙が地上の経済とリンクした、収益をあげるための新しい市場になりつつある。民間企業が新分野に進出するのは、なによりもそこが魅力的な新しい市場だと判断できるからだ。

魅力的な新市場とは、適切なレベルの投資で、それ以上の収益が望めることを意味する。宇宙は今、十分投資に値する魅力的な市場になりつつあるのである。

しかし、20世紀の宇宙はそうではなかった。

巨額の投資の必要性と、安全保障面での懸念

20世紀の宇宙開発は、民間が投資に対するリターンを見込めるようなものではなかった。

１９５０年代に人類の本格的な宇宙進出が始まって以降、ほぼ半世紀にわたってアメリ

カ、ソ連の先進二大国をはじめとした各国政府が管理する場所だった。なぜ政府が管理したかといえば、まずなによりも、宇宙開発に不可欠なロケットの技術が、核兵器を搭載する大陸間弾道ミサイル（ＩＣＢＭ）にも使えるからだった。宇宙開発を行うにはロケット技術が不可欠で、ロケット技術を手に入れられれば自動的にＩＣＢＭも開発可能になる。そんな危険な技術は、政府が管理しなくてはいけないという判断が働いたのである。

また、そのロケット技術の開発に必要な投資も、民間企業の体力を超える大規模なものだった。むしろ資金の流れとしては、ＩＣＢＭ開発のために巨額の技術開発予算が政府から支出されてロケット技術が発達し、その技術が衛星や月惑星探査機、有人宇宙船などを打ち上げるロケットに転用されたというのが正しい。実際問題として政府が、軍事面の必要性から巨額の資金を突っ込まなければ、ロケット技術は開発できなかったのである。

旧ソ連を代表するロケット「ソユーズ」は、前身がＩＣＢＭの「Ｒ－７」だ。開発を主導した主任技術者のセルゲイ・コロリョフ（１９０７〜１９６６）は、Ｒ－７が一応の成功を収めたことをもってソ連首脳部に「これを使えば人工衛星を打ち上げることができる」と進言し、１９５７年10月４日に世界初の人工衛星「スプートニク１号」を打ち上げたのだ。

アメリカでも初期の打ち上げを担った「デルタ」「アトラス」「タイタン」はどれもICBMとして開発され、後に宇宙開発用に転用されたものだ。アメリカで最初から宇宙向けにロケットが開発されるようになるのは、1961年に有人月着陸を目指すアポロ計画が動き出してからだった。もちろんアポロ計画はアメリカ政府の計画であり、「サターンI」「同IB」「同V」と、アポロ計画向けに開発されたロケットの開発資金は政府が支出し、完成したロケットも政府資金によって政府のために運用された。

このような事情は、打ち上げられる衛星、月・惑星探査機、有人宇宙船などでも同様だった。月・惑星探査機は科学探査が目的であり、科学探査に探査機の開発・運用費とロケットによる打ち上げ費用を支出できるのは政府機関だけだった。有人宇宙船も同様だ。この2つの場合、政府には、探査の科学的成果を直接的な国威発揚と、自国の科学技術の高度さを対外的にアピールできるという大きな利益があった。

衛星となると、また少々事情は異なるが、結果は同じだった。

アメリカの場合、民間企業である巨大電話会社の米AT&Tが政府よりも先行して通信衛星を開発した。

世界初の通信衛星は、電波を反射する巨大な風船の「エコー」衛星だった。エコー衛星はＮＡＳＡのプロジェクトだったが、ＮＡＳＡに計画を提案し、実現に持ち込んだのはＡＴ＆Ｔベル電話研究所に勤務する技術者のジョン・Ｒ・ピアース（１９１０～２００２）だった。ピアースは、地上からの電波信号を受信し、増幅して送り返すトランスポンダーという装置を搭載した本格的な通信衛星の実現を目指して奔走した。結果、世界で初めてトランスポンダーを搭載した本格的な通信衛星「テルスター」はＡＴ＆Ｔが開発し、同社が所有し、運用する衛星として１９６２年7月10日に打ち上げられた。テルスターはアメリカ・欧州間のテレビ放送の中継を行い、大きなセンセーションを巻き起こした。イギリスのバンド「トーネイド」が、その名も「テルスター」というインストルメンタルの曲をリリースしてアメリカとイギリスの週間ヒットチャート1位を獲得したほどだった。

しかし、ＡＴ＆Ｔとテルスターによる民間の宇宙開発は、アメリカ政府の「国際通信は安全保障に直結するので、政府系機関が管轄するべき」という方針で潰された。テルスター打ち上げの1年1ヶ月前の１９６１年5月、大統領就任直後のジョン・Ｆ・ケネディ大統領は国家主導の国際衛星通信組織を設立するという政策を発表した。新設する組織は民間の組織ではあるが国際衛星通信を独占的に実施するとしていた。後のインテルサットである。

アメリカとソ連が冷戦という名の刃を交えない戦争を戦っていた当時、民間企業が野放図に国際通信サービスを提供することは好ましくないと判断したのである。

テルスター1打ち上げから3週間後の8月1日、米議会で「1962年通信衛星法」が可決された。同法に従って、インテルサットのアメリカ代表となるCOMSAT社が政府出資によって設立され、これをもってAT&Tとピアースの宇宙への挑戦は終わった。

アメリカでは通信衛星と並行して、気象観測を行う気象衛星が開発され、実用化された。世界初の気象衛星「タイロス1号」は、1960年4月1日に打ち上げられている。タイロスは技術試験衛星で、78日間しか動作しなかったが、得られた知見に基づき、実用衛星エッサが開発された。最初の実用気象衛星「エッサ1号」は1966年2月に打ち上げられた。エッサシリーズは1969年までに9機が打ち上げられ、宇宙からの気象観測の有用性を実証した。

その後、アメリカでは政府機関である米海洋大気庁（NOAA）が気象衛星を運用するようになった。気象情報は軍の作戦行動に直結する。アメリカの場合、国防省がNOAA

とは別に専用の気象衛星を運用しているほどだ。安全保障の面からも、気象衛星は国家機関が運用すべきものとなったのである。このあたりの事情は、アメリカ以外の国でも同じだ。欧州では国際機関である欧州気象衛星開発機構（ＥＵＭＥＴＳＡＴ）が気象衛星を開発・運用しているし、日本で気象衛星「ひまわり」シリーズを開発・運用しているのは気象庁が主体だ。中国、ロシア、インドでも同様に政府機関が気象衛星を運用している。

１９７０年代に入ると、衛星軌道から地球を観測する地球観測衛星が実用化された。その時点では、衛星が送ってくる膨大なデータを、活用しきれなかった。

地表を観測する衛星としては、１９６０年代に安全保障目的の偵察衛星が実用化されていた。前述した通り、偵察衛星は例えるなら、１枚ずつ写真を撮影するカメラだ。軍事基地は港湾、ミサイル発射基地などの戦略目標を宇宙から望遠レンズで撮影する。

これに対して地球観測衛星は、地表面を細長く走査していくスキャナーだ。偵察衛星よりもはるかに広大な領域を光の波長別にスキャンしてデジタルデータ化し、地球に送信する。ランドサット１は、18日ごとに同じ地域の上を通って観測する軌道に打ち上げられた。つまり、18日に1回ずつの同じ地域の観測データがどんどん蓄積していくことになる。

もちろん、そうやって経時的な地球の観測データが連綿と蓄積されていくというのが、地球観測衛星という道具の大きな利点なのである。しかし、1970年代の段階では、この膨大なデジタルデータを保存し、分析できるだけのコンピューターを保有できるのは政府機関に限られていた。民間にはそんな強力な演算能力と巨大なストレージを備えたコンピューターを保有・運用するだけの資金力はなかった。すると、データを使ってなにかをしようとするユーザーが広がらない。最初にユーザーとなるのは、地球観測衛星という新しい道具を使ってなにか新しいことをしようとする研究者だ。ところが、データを使うには強力なコンピューターが必要で、そのコンピューターは限られた国立の研究機関や大学にしかないという状況では、研究者ですらデータを自由に利用して自分の研究を進めることができない。研究者が十分にデータの使い方を開拓できない状況では、民間のデータ利用が広がるはずもない。

以上まとめると、①初期投資が莫大であること、②ロケット技術はそのままミサイル技術に直結すること、③（②とも関連して）宇宙を利用しなければ得られない利便が国家安全保障に直結すること、④その利便を民間市場でマネタイズする方法が見つからないこと、

⑤コンピューターをはじめとした民間の宇宙利用を進めるのに不可欠の周辺技術が未発達だったこと――これらの要因のため、20世紀を通じて宇宙開発は国の行う事業であり続けたのであった。

新自由主義、冷戦終結、そしてムーアの法則

その一方で、「宇宙開発を商業ベースに持ち込んで、市場経済を導入しよう」とする動きは、１９７０年代から始まった。

きっかけのひとつは、アメリカのスペースシャトル開発だったことは間違いない。スペースシャトルそのものは、１９８１年から２０１１年まで30年にわたって運用されたが、当初の「安価な宇宙輸送システムで宇宙の商業化を進める」という目的は達成できなかった。

しかし、「宇宙を、民間企業が市場経済に基づいて利用する場所とする」という方向性を定めたのは、まちがいなくスペースシャトルだ。

スペースシャトルから始まった宇宙民間利用の流れは、３つの要素が絡んで、20世紀最後の20年の伏流水となった。新自由主義的政策、冷戦終結、そしてムーアの法則に代表されるエレクトロニクスの爆発的な進歩だ。

まず１９８０年代以降、世界を席巻した新自由主義の思考だ。これは１９８０年代のアメリカ・レーガン政権による国際衛星通信の民間開放から始まる、宇宙利用への民間参入の流れを創り出した。ケネディ政権が安全保障上の懸念から、国家がコントロール可能な国際機関が実施するとした国際衛星通信を、レーガン政権は、民間に市場開放した。

この流れを冷戦終結が後押しした。米ソの冷戦が１９８０年代末に終結したことで、それまで安全保障関連技術として民間が利用できなかった技術が開放されるようになった。

クリントン政権は偵察衛星技術を開放し、その結果地球観測衛星の取得データは高精細化した。それまで数十ｍのサイズの変化しか識別できないように規制されていたものが、１ｍ以下の物体を判別できるようになったのだ。これは、地球観測データの民間利用への道を開いた。また、クリントン政権は、測位衛星の精度劣化措置「ＳＡ」の停止によって、衛星測位の普及をも促した。

「ムーアの法則」は、〝CPUの巨人〟インテル社創業者のひとり、ゴードン・ムーア（1929～2023）が提唱した、半導体技術の進歩に関する経験則だ。「集積回路上のトランジスタ数は18ヶ月から24ヶ月ごとに2倍になる」というものである。

ムーアの法則の核心は「1の次は2で、その次は3」ではなく「1の次は2だが、その次は4、さらにその次は8」というところにある。一定期間ごとに倍々で、半導体の性能は向上していくというのだ。数学の言葉を使うと「指数関数的増加」である。

ムーアがこの法則を提唱したのは1965年。以来半世紀もの間、半導体の性能はこの法則にほぼ従う形で向上してきた。より小さなトランジスタを半導体ウエハー上に作り込み、高密度の電子回路を形成し、より大量の情報を短時間で処理できるようになってきた。

ムーアの法則の指標となるのは、半導体上に作り込むことができる配線の幅（プロセスルール）だ。世界初のCPUであるインテルの「4004」（1971年）は、プロセスルールが10㎛だった。ミリメートルでいえば、1／100㎜である。それが2024年現在の最新のCPUでは、3㎚になっている。ミリで表せば、3／100万㎜ということになる。「4004」から53年でプロセスルールはおよそ1／3300になったわけだ。

集積回路は、半導体表面にトランジスタを多数作り込む。トランジスタの密度で考えると、ほぼ１１００万倍。つまり53年で、半導体の性能は１１００万倍にもなったことを意味する。もちろん作り込む回路の構成や情報処理の手法も進歩しているので、ＣＰＵとしてはもっと性能が上がっている。

エレクトロニクスで進歩したのは半導体の密度だけではない。半導体パワー素子の出現で大電力を効率良く制御できるようになったし、電池は一層高密度でエネルギーを蓄積できるようになった。また、太陽電池のエネルギー変換効率は１９６０年代の数％から20％超にまで向上した。

ムーアの法則に代表されるエレクトロニクスの指数関数的発達は、副次的に３つの技術的変化と、ひとつの社会的変化を宇宙開発にもたらした。技術的な変化は、①小さな衛星・探査機の実用化、②小さな衛星を打ち上げる小さなロケットへの需要の発生、③大きな衛星ひとつではなく、小さな衛星たくさんの、「衛星コンステレーション」の実用化――である。

ひとつの社会的変化とは「インターネットの爆発的普及によるドットコム・バブルで、新たな社会的成功者が出現した」ということだ。このドットコム・バブルによるビリオネア達が、エレクトロニクスの技術革新によって可能になった「小さな実用的衛星・小さな衛星を打ち上げる小さなロケット」を足がかりにして、宇宙分野に参入。21世紀の宇宙開発を民間の側からリードしていくことになるのである。

第2章　衛星技術の発展がもたらす革新

小さな衛星と小さなロケットによるひそやかなパラダイムシフト

最初に質問をひとつしよう。

「衛星、あるいは探査機というのは、どこまで小さくできるものなのだろうか」

この質問に答えるためには、「衛星・探査機とはどういうものか」ということを考える必要がある。

衛星にせよ探査機にせよ、地球を離れて宇宙を飛ぶ人工物体だ。地球を回る軌道に入れば衛星と呼ばれるし、地球を離れて太陽系空間、あるいはもっと遠くの恒星間空間へ飛んでいくなら探査機と呼ばれる。

そしてどんな衛星・探査機であっても「電波を使って地球と交信する」という機能を持つ。最近は衛星・探査機とレーザー光線を使って情報のやりとりをする研究開発も進んでいるので、電波というよりも光も含めた電磁波で交信すると言ったほうがいいかもしれない。

だからまず、地球からの電磁波による問いかけを受信し、その内容に応じた返事を送信する、というのが衛星・探査機の一番基本的な機能ということになる。送受信にはなによりも電源が必要だ。地球周辺の宇宙空間なら太陽電池を使うことになる。地球の影、あるいは別の星の影に入って太陽光が当たらなくなることがある軌道を飛ぶなら、その間の電力を供給するバッテリーも必要になる。

電源の電力を使って地球からの信号を受信する受信機、そして地球に返事をするための送信機も必須だろう。

では、身近なもので、電源と送受信機が一体になった機器として、どんなものがあるだろうか。

答えは携帯電話だ。携帯電話はバッテリーの電力を使って送受信を行う。つまり、今の当たり前の技術なら、衛星・探査機は携帯電話ぐらいまで小さくすることが原理的には可能なのである。いや、もっと小さくすることができるだろう。携帯電話には、人間が使うためのディスプレイ・タッチパネル、あるいはボタンなどがついている。衛星ならばそんなものは不要だ。

原理的に衛星・探査機はディスプレイやボタンを除去した携帯電話ぐらいまで小さくできるのである。

もちろん携帯電話も現在のサイズ、現在の機能になるまでには様々な紆余曲折(うよきょくせつ)があり、技術的な試行錯誤があった。衛星もまた同じだ。

宇宙開発の初期、衛星はさほど大きなものではなかった。ロケットが未発達だったので、あまり大きく重いものでは打ち上げることができなかったのである。1960年代に入りロケットが大型化すると、それに合わせて衛星・探査機も大きくなっていった。大きな衛星はより多様な機能を搭載することができるからだ。

実例をアメリカ主導で設立された国際衛星通信を行う組織インテルサットの歴代衛星の重量でみてみよう。インテルサットが1965年から打ち上げて運用した最初の通信衛星「インテルサット1」は打ち上げ時の重量149kgだった。「打ち上げ時の」というのは、衛星の位置を調節するスラスターという小さなロケットエンジンのための推進剤などの運用中に消費する物資込みの重量という意味である。

これが翌1966年に打ち上げた「インテルサット2」シリーズ初号機になると162kgに、1968年から打ち上げが始まった第3世代「インテルサット3」シリーズ初号機は293kgになった。以後「インテルサット4」シリーズ（1975〜）は1414kg、「インテルサット5」シリーズ（1981〜）は1928kg、「インテルサット6」シリーズ（１９９１～）は４３３０kgと、どんどん大きくなっていった。国際衛星通信の需要の高まりに応じるには、ひとつの衛星に大量のトランスポンダーという通信機器を搭載しなくてはならなかったからだ。また、衛星の大型化と歩調を合わせて、この間ロケットの打ち上げ能力も、どんどん大きくなっていった。

インテルサットは、アメリカ政府の規制緩和政策のために２００１年に民営化された。その後、合併や買収、破産などを経て、現在はルクセンブルクに本社を置く多国籍企業となっている。

このような大型化の流れに棹さして、１９８０年代に、小さな衛星を開発して運用しようという流れが出現した。きっかけになったのは、宇宙先進国アメリカの企業や研究機関ではなく、イギリスのサレー大学であった。

１９８０年代から90年代にかけて、宇宙産業の主流は、宇宙という新しい分野に進出した既存大メーカーであった。１９８１年にスペースシャトルが運航を開始するあたりから、ＮＡＳＡは積極的に新たに起業した宇宙ベンチャーへの支援を行うようになる。その雰囲気は世界各地に飛び火し、１９８６年のシャトル「チャレンジャー」爆発事故により、宇宙輸送システムとしてのスペースシャトルの抱える問題点——煩雑な運用、それによる高コスト、貨客混載により安全性確保が難しくなることなど——が明らかになった後も、熾火のように継続した。

その雰囲気の中で、サレー大学は学内ベンチャーとして小型衛星の研究開発を開始したのである。

サレー大学のUoSAT

サレー大学はロンドン西南の郊外、ギルフォードに立地する公立の大学だ。設立は1966年と比較的新しいが、前身のバタシー工科大学は19世紀に設立されている。

1980年代半ば、宇宙業界ではインテルサット6シリーズに代表される大型の衛星が、あまりに大きくなりすぎているのではないかという議論が起きていた。大きな衛星は開発に7年以上もの時間がかかる。しかも部品点数は増えて構造は複雑化するので、故障や失敗の確率も上がる。衛星そのものも高価になるので1回の打ち上げ失敗、あるいは軌道上での故障のダメージが大きい。

一方で、1970年代以降、エレクトロニクスではムーアの法則に則った半導体チップの驚異的な進歩が続いていた。この進歩が続くならば、より開発期間が短く、部品点数の少ない小さな衛星でも、うまく設計すれば大型の衛星に対抗できるのではないかという考えが生まれたのである。

そのような考え方が出てくるにあたっては、ひとつの実例があった。アマチュア無線衛星だ。

アマチュア無線は、イタリアのグリエルモ・マルコーニが1895年に世界初の無線通信に成功した直後からの、歴史の長い趣味だ。技術開発にも影響を与えており、例えば第一次世界大戦直後に3MHz以上の波長の短い電波がより長距離の通信に向いていることを発見したのは、アマチュア無線家らである。

高い技術をもつアマチュア無線家たちは、人工衛星の打ち上げが可能になった直後から、アマチュア無線で使える衛星の開発に乗り出した。世界初のアマチュア無線衛星「オスカー1」は、スプートニク1号のわずか4年後、1961年12月に打ち上げられている。打ち上げを担当したのは、米空軍。しかも、米中央情報局（CIA）の偵察衛星「ディスカバラー36号」と同時に、「ソー・アジェナ」ロケットで打ち上げられた。安全保障用途の機密性の高い衛星と、「遊び」ともいえるアマチュア無線衛星を無造作に同時に打ち上げるあたりは、アメリカという国のメンタリティが垣間見えるようで興味深い。アマチュア無線衛星の打ち上げは、主に官費で行われる打ち上げの余剰能力を使い、主衛星の横に乗せて無料で行われる形式が使われた。このような衛星打ち上げをピギーバック打ち上げといい、打ち上げられる衛星はピギーバック衛星という。オスカー1は、ディスカバラー36号のピギーバック衛星として打ち上げられたわけである。

オスカー1は、重量5kg。アマチュア無線が使う144MHz帯でビーコンを送信するだけの単純な衛星だった。が、その後アマチュア無線衛星は、大型の通信衛星と並行して、アマチュア無線愛好家らの手によって進歩していくことになる。1970年代になるとアマチュア無線衛星は、重量30kg程度で、地上からのアマチュア無線の電波を記録し、別の地域の上空で送信するというような複雑な機能を作り込んだものになっていた。

サレー大学は、まずアマチュア無線衛星の開発から、小型衛星技術の蓄積を開始した。最初の衛星は、1981年に打ち上げられたアマチュア無線衛星「UoSAT－1」だ。重量54kgで、アマチュア無線の電波帯域を使ったデータ通信機能を搭載していた。その後、大学はUoSATシリーズの開発で技術力を蓄え、1985年に学内ベンチャーのサレー・サテライト・テクノロジー（ＳＳＴＬ：Surrey Satellite Technology Limited）を起業して、主に50kg以下の小型衛星の研究開発と販売・運用を開始した。

ＳＳＴＬは、いかにも植民地経営の経験が豊富なイギリスらしい販売戦略を採用した。宇宙技術が欲しい発展途上国をターゲットにしたのである。まず、技術が欲しい発展途上国政府から、技術試験衛星の開発を受注する。次にその国から留学生を受け入れ、衛星開発のノウハウを教授しつつ、注文の衛星を開発する。衛星開発で、発展途上国側は自分の自由に使える衛星と衛星開発のノウハウを持つ人材を手に入れ、ＳＳＴＬは次のビジネスの核となる、新たな小型衛星技術を開発するわけである。

ＳＳＴＬの出現で、１９８０年代後半には数十kg級の小型衛星に、十分な有用性があることが世界的な認識となった。その後ＳＳＴＬは、より大型の衛星の開発に進出し、現在は欧州エアバス社の子会社となって活動している。

宇宙開発の流れを変えた「１kgの超小型衛星」

ＳＳＴＬの次のエポックメイキングは、アメリカのスタンフォード大学で起きた。

1997年に同大学のロバート・トゥイッグス教授は、大学の工学教育の一環として、1辺10㎝の立方体で重量1kgの超小型衛星を、学生自身が開発し、打ち上げて運用することを提案した。このコンセプトは「キューブサット」と命名され、トゥイッグス教授に共鳴した世界中の大学で、キューブサットの開発が始まった。日本でも、東京大学・大学院工学系研究科の中須賀真一教授と東京工業大学・工学院機械系の松永三郎教授の研究室が、それぞれキューブサット開発に参入。実際に学生教育の一環として1kgの衛星の開発を開始した。

1997年のコンセプト提唱時点では、キューブサットは打ち上げるロケットの調達が困難という弱点を抱えていた。1990年代に入り、欧州アリアンスペース社は、比較的打ち上げ能力に余剰が生じやすい地球観測衛星の打ち上げに合わせて、数十kg級の小型衛星のピギーバック打ち上げを引き受けるようになっていたが、大学の研究室が開発する1kgの衛星にとっては、打ち上げ機会が少なく、また打ち上げ価格も高すぎた。

この問題は、1990年代後半になってロシアが、かつてのICBMを衛星打ち上げロケットとして利用した打ち上げ事業に参入したことで解決した。ICBM転用ロケットは軍の余剰物資の転用だったので、打ち上げ価格が従来よりもはるかに安かったのだ。

２００３年6月、最初のキューブサットが、ロシアの「ＳＳ－19」ＩＣＢＭを転用した「ロコット」というロケットで打ち上げられた。主ペイロードの横にピギーバックとして搭載された、米スタンフォード大学とベンチャーのQuakeFinderが共同開発した「QuakeSat」、デンマーク工科大学の「ＤＴＵＳａｔ」、オールボー大学（デンマーク）の「ＡＡＵ－ＣｕｂｅＳａｔ」、トロント大学（カナダ）の「ＣａｎＸ－1」、東京大学の「ＸＩ－Ⅳ」、東京工業大学の「Ｃｕｔｅ－Ｉ」などキューブサット6機が地球周回軌道に投入され、「ＸＩ－Ⅳ」、「Ｃｕｔｅ－Ｉ」「ＡＡＵ－ＣｕｂｅＳａｔ」の3機が実際の運用に成功した。

6機中3機が成功――勝率は5割だったが、キューブサットの有用性と可能性を示すにはこれで十分だった。

十分に進歩したエレクトロニクスによって、たった1kgの重量の衛星でも、それなりの機能を作り込むことが可能となっていたのだ。一例として東京大学のＸＩ－Ⅳは、携帯電話用のカメラモジュールを搭載しており、撮影した地球の画像を送信してきた。中須賀研究室は、得られた画像を希望者にメーリングリストを通じて配信する試みを行った。

また、キューブサットは、10㎝角単位で、機体サイズが規格化されていることが大きな強みであることも判明した。機体サイズが規格化されているとロケットに搭載するためのアダプターが共通化される。すぐにキューブサット用搭載アダプターを開発・販売するベンチャーが出現した。これにより規格に沿って衛星を作ればすぐに出来合いのアダプターを買ってくることで、ロケットへの搭載が可能になった。

さらに、10㎝×10㎝×10㎝を1U（1ユニット）として、2つつなげた2U、3つつなげた3U、6つを3×2で配置した6U、6Uを2つ重ねた12Uといった、派生サイズも規格化され、それぞれ搭載アダプターも開発・販売されるようになった。これにより、1kgのみならず、10kgから20kg程度の衛星も、キューブサットの規格に沿って開発することが可能になった。

1kgから数kgの衛星は、取り扱いも簡単だった。大きな衛星試験設備は不要で、アマチュアレベルの施設でも開発できるし、衛星本体の運搬もハンドキャリーで行うことができる。開発コストが安いので、失敗しても損失は小さい。このため手軽に冒険的な設計を試したり、野心的なミッションに挑戦したりすることができる。

その結果、2000年代後半に入ると、世界中の大学で工学系学生への教育の一環として、キューブサットが開発されるようになった。キューブサットの開発が活発化したことで、キューブサット向け衛星部品を製造・販売するベンチャーが立ち上がるようにもなった。姿勢制御装置や、小推力で姿勢や軌道変更するスラスター、さらにはキューブサット向け搭載コンピューターなどが製品化され、それらを組み合わせることで高機能なキューブサットを開発できる環境が整備された。

このようになってくると、キューブサットを使って新たな衛星の用途を提案するベンチャーも起業するようになる。なかには、３Ｕサイズ・３kgの地球観測衛星を２００機以上打ち上げて地球の陸地のすべてを１日１回観測するという、米プラネット・ラボのように、今までの大型衛星では考えられなかったミッションを達成するベンチャーも現れるようになった。

最先端の太陽系探査でも、キューブサットクラスの超小型月・惑星探査機が開発されるようになった。国際協力月探査計画「アルテミス」で、月への有人打ち上げを担うＮＡＳＡの新型ロケット「ＳＬＳ」は、２０２２年11月16日に最初の無人打ち上げ「アルテミス１」を実施した。アルテミス１には、公募で選定された６機の６Ｕサイズの超小型探査機も搭載され、月周辺空間に向けて打ち上げられた。その中には、東京大学とＪＡＸＡ・宇宙科学研究所が共同開発した月周辺空間を調べる「ＥＱＵＵＬＥＵＳ」と、

ＪＡＸＡ・宇宙科学研究所が開発した総重量12・6kgという超小型の月着陸実験機「ＯＭＯＴＥＮＡＳＨＩ」の、日本の探査機2機も入っていた。

ＥＱＵＵＬＥＵＳは月スイングバイと、搭載した水を推進剤とするスラスターによる軌道制御に成功。一方ＯＭＯＴＥＮＡＳＨＩは、超小型探査機を月面に安全に降ろすという実験に挑んだが、ロケットからの分離直後に姿勢を崩して電力を喪失し、失敗に終わった。だがキューブサットでは失敗する可能性もまた大きい野心的なミッションにも、挑戦可能であることを示した。

ロケットもまた小型化の流れが始まる

衛星分野では、１９８０年代から徐々に小型化の動きが進んできたが、一方で、宇宙開発・宇宙利用の根幹である宇宙輸送系、つまりロケットの開発でも１９８０年代後半から小型化への動きも始まった。

初期のキューブサットに見るように、小型・超小型衛星にとって、打ち上げ手段が限られるというのは大きな問題だった。本章冒頭で取り上げたインテルサット衛星に見るように、１９６０年代以降、衛星は大型化・高機能化し続け、それと手を取り合うようにして衛星を打ち上げるロケットも大型化し続けてきた。

これには、「大型のロケットほど性能が向上する」という物理的な理由もあった。ロケットは軽い構造体により大量の推進剤を積むほど、推進剤を使い切った時の到達速度が高くなる。別の言い方をすれば性能が向上する。推進剤の量は寸法の三乗に比例して増える。一方構造体は基本的にタンクなので、表面積――つまり寸法の二乗に比例して増える。だから、ロケットが大きくなるほど相対的に軽い構造体でより大量の推進剤を積むことができるようになり、性能は向上する。

あるいは打ち上げ時初期に、ロケットは空気抵抗を受ける。空気抵抗はロケット進行方向に対する断面積、つまり寸法の二乗に比例して大きくなる。一方で推進剤は寸法の三乗に比例して増える。つまり大きなロケットほど、相対的に小さな空気抵抗でより大量の推進剤を積むことが可能になり、それだけ性能が向上する。

この性能向上は、「打ち上げる衛星の単位重量あたりの打ち上げコスト」という性能の指標に直結する。ロケットが大きくなるほど、より大きく重い衛星を、小さなロケットよりも相対的に安価に打ち上げられるのだ。例えば1kgの衛星を1万円で打ち上げられるとして（実際にはそんなに安くないが、ここではあくまでたとえと思ってほしい）、1トンの衛星を打ち上げるにはその1000倍の1000万円かかるかといえばそうではない。ロケットと言う乗り物が持つ物理的な原理からは、1000万円よりは大分安く済むのである。

衛星の側に大型化の要求があり、ロケットの側も大きくなるほど「単位打ち上げ重量あたりの打ち上げコスト」が安くなるという事情があったので、1960年代から90年代にかけて、ロケットはどんどん大型化した。実際問題としてこの傾向は2024年現在も続いている。後述するが、今大きな話題になっている米スペースX社の超大型打ち上げ機「スターシップ」が、なぜあんなに大きいのかといえば、根本には「大きなロケットほど物理的に性能が上がる」という事情が存在する。

しかし、例えばあなたが手紙一通を運びたいとして、手紙を運ぶのに20トンのダンプカーを使うだろうか。普通はそんなことはしない。距離にもよるが、普通は自転車とか原付のスーパーカブとか、そんな小さな乗り物を使うだろう。いくらダンプが単位重量あたりの輸送コストが安いとしても、手紙1通しか運ばないのにダンプを走らせていたら経済的に見合わない。

もちろん「手紙を20トン分集めて一度に運ぶ」とすれば、ダンプカーのほうが効率的になる。が、手紙というものは必要なタイミングで相手に届くことに意味がある。20トン分の手紙が集まるのを待って、それから運ぶのでは時機を失して手紙は手紙の意味がなくなってしまうだろう。

「必要な時にタイミング良く運ぶ」ということを考えると、手紙を運ぶには20トンダンプカーではなくスーパーカブのほうが便利になるわけだ。

衛星とロケットの関係も同じだ。単位重量あたりの打ち上げコストはロケットが大きいほど安くなる。しかしだからといって、大きなロケットで打ち上げるぐらいたくさんの小型衛星が集まってから、おもむろに打ち上げるのでは、衛星が必要とされるタイミングで打ち上げることができない。

衛星の場合、これに軌道の問題が絡んでくる。衛星は打ち上げる軌道に合わせて設計する。軌道によって太陽に当たるタイミングや時間が違うからだ。

例えば、赤道上空3万6000㎞の静止軌道に入る衛星は、基本的に太陽光が当たりっぱなしになる。地球の地軸は公転面に対して23・5°傾いているので、赤道上空にいる静止衛星は、普段は地球の影に入らないのだ。だから、静止衛星は、太陽光が当たりっぱなしでも内部の温度が上がりすぎないように設計する。

ただし、春分と秋分のあたりでは1日1回、最大80分ほど太陽の影に入る。このことを「衛星の食」という。食の間はヒーターに通電して内部を保温する必要がでてくる。そのためにはバッテリーを搭載しておく必要もあるし、バッテリーの充電状況を監視し、充電しすぎや放電しすぎでバッテリーが壊れないようにする必要もある。

静止衛星から電波を送信する衛星放送は、かつては春分と秋分の頃に夜中の放送が途切れていた。衛星が地球の影に入り、太陽電池が電力を発生しなくなるので、放送できなくなっていたのである。現在では放送衛星に十分な容量のバッテリーを搭載して、食の間はバッテリーの電力を使って放送を継続するようになっている。

一方、地球観測衛星は地球を南北に回る極軌道を使う。地球の東西方向の自転と合わせて、地球のほぼ全面をなめるようにスキャンするためだ。この軌道だと、地球の昼の側と夜の側の上空を交互に飛ぶことになる。地球を一周する間に、必ず半分は太陽が当たり、半分は太陽が当たらないわけだ。夜の側で観測がしたければ大きなバッテリーが必要になるし、昼夜が交互に訪れることによる頻繁かつ周期的な温度変化で壊れないように設計する必要も出てくる。実際、かつては昼夜の温度差で太陽電池のパネルが伸縮を繰り返し、ついに耐えきれなくなって破断し、壊れてしまった衛星もあった。

さて、ここで大きな衛星の横に小型・超小型衛星を搭載して大きなロケットでピギーバック打ち上げをするとしよう。当然ロケットは大きな衛星が必要とする軌道に向けて打ち上げることになる。いくら小型・超小型衛星が違う軌道のほうが都合がよくとも、そちらの軌道に打ち上げてくれるということはない。ピギーバック打ち上げは、あくまで「大きな衛星のおまけ」だからだ。

初期のキューブサットは、打ち上げ機会が限られ、「どの軌道に投入したい」というような選択肢を選ぶことができなかった。だから「どんな軌道に打ち上げられても、温度差やバッテリー枯渇などで機能停止することなく動作する」というようなかなり大きな余裕を見込んだ設計を行っていた。が、キューブサットのような小さな衛星でも、そのうちに特定の軌道からなにかをしたいというような目的を持って設計されるようになってくる。

こうなると、大きなロケットでの打ち上げは都合が悪い。単位重量あたりの打ち上げコストが高くなっても、小さなロケットで小さな衛星を、狙った軌道に打ち上げるというニーズが発生してくるわけである。

スペースシャトルの失敗と、欧州・アリアンの勝利

大変に面白いことだが、このようなニーズに合わせた小型ロケットの開発という潮流を引き出したのは、大型化と複雑化の極みのようなスペースシャトルであった。

すこし長くなるが、「シャトルが小型ロケット開発の流れを生み出した」ことを理解するために、ここでスペースシャトルと使い捨てのロケットとの歴史的関係を整理しておこう。

宇宙輸送系は、これがなければ衛星を打ち上げたり、宇宙飛行士が宇宙に行ったりすることができないという、人類の宇宙活動にとって必要不可欠な技術要素だ。このため、歴史的にその開発には各国政府が密接に関わってきた。

アメリカの場合、宇宙開発初期の１９５０年代後半に開発された衛星打ち上げ用ロケット——「デルタ」「アトラス」「タイタン」は、ほぼすべて大陸間弾道ミサイルにルーツを持つ。歴史的には、大きく重い核弾頭を地球の反対側に打ち込むための巨大な大陸間弾道ミサイルが、衛星打ち上げや有人宇宙船打ち上げに改良・転用されたのである。

ミサイルからの転用と並行して、それとは別に最初から衛星や有人宇宙船打ち上げを目

的に開発されたのが、「サターンⅠ」「同ⅠＢ」「サターンⅤ」だ。サターン１はアポロ宇宙船の無人試験に、サターンⅠＢは、アポロ７号などアポロ宇宙船の有人打ち上げに、サターンⅤはアポロ計画における有人月飛行・月面着陸に使われた。

ケネディ米大統領が１９６１年に「今後10年のうちに人類を月に送り込む」と宣言して始まったアポロ計画は、１９６９年７月のアポロ11号で人類初の有人月着陸を実現し、１９７２年12月のアポロ17号をもって終了した。

その前、１９６８年頃から、ＮＡＳＡはアポロ計画の次に何を行うべきかの検討を開始した。アポロ計画は、旧ソ連と、「弾丸を撃ち合わない戦争」――冷戦で対決していたアメリカにとっては、「科学技術面でソ連に勝つ」という目的を持っていた。手段を問わず勝つことが目的だったので、アポロ計画もまたソ連との「弾丸を撃ち合わない戦争」という性質を帯びていた。

しかし巨額の予算を注ぎ込んだアポロ計画には様々な批判もあった。特に「宇宙でソ連に勝っても地球上のアメリカ国民には何の利益ももたらしていないではないか」という批判は強かった。ＮＡＳＡは、アポロの次の宇宙計画では「役に立つこと」「利益をもたらすこと」を前面に押し出さねばならなかった。

それに対する回答は、「次は月ではなく、比較的地表に近い高度数百㎞で地球を周回する軌道での、有人活動を活発に行い、地上の経済活動とリンクした形で、経済的利益を生み出す宇宙技術を開発し、同時に宇宙経済活動の活発化を図る」というものだった。そのためにはまずなによりも、地表と高度数百㎞との間を結ぶ、運航コストの安い交通機関が必要だ。

そのために1972年から開発されたのが、「何度も打ち上げに使える宇宙機」のスペースシャトルだった。スペースシャトルは当初目標として、打ち上げごとに使い捨てにするロケットに比べて、1／10の運航コストで宇宙に荷物を打ち上げられるとしていた。

スペースシャトルが1981年4月に初飛行するあたりから、NASAはスペースシャトルを使った宇宙空間の商業利用について積極的な宣伝を行った。運航コストの安いスペースシャトルで衛星を打ち上げれば、より低コストで衛星の運用と利用が可能になる。スペースシャトルの安全性は高く、将来的には誰でも宇宙に行けるようになる。シャトル搭載の宇宙実験室を使えば無重力環境を利用した、地上ではできない実験ができる——というようにだ。

スペースシャトルの運航を開始したNASAは、1980年代から宇宙商業化に向けて様々な施策を実施した。積極的に宇宙ベンチャーの製品やサービスを購入することで、ベンチャーを支援したのである。アメリカの場合、並行して国防省も宇宙ベンチャーへの研究開発資金拠出や製品やサービスの積極的な購入で、支援を行った。

ところが、１９８６年1月にスペースシャトル「チャレンジャー」の爆発事故が起きてしまった。７名の宇宙飛行士が命を落とし、スペースシャトルの実態は誰もが知るところとなった。アメリカはあわてて「デルタ」「アトラス」「タイタン」の製造ラインを再開し、さらにそれらの改良版の開発を決定したが、一度閉じた製造ラインを再開するのはそう簡単なことではなかった。

「デルタ」ロケットの最新版「デルタⅡ」の打ち上げが始まるのが１９８９年、「タイタン」最新版「タイタンⅣ」は１９８９年、「アトラス」最新版「アトラスⅡ」は１９９２年に打ち上げが始まった。それぞれチャレンジャー事故から3年から6年かかったわけだ。その間、アメリカはシャトル以前に生産し、在庫となっていた旧「デルタ」「アトラス」「タイタン」をちょぼちょぼと打ち上げてしのぐ羽目となってしまった。

スペースシャトルは、チャレンジャー事故から2年8ヶ月後の１９８８年9月に運航を再開した。様々な安全装備を追加したために機体は重くなって、搭載できる貨物量は減った。運航コストは高騰し、使い捨てのロケットよりも高く付くものになってしまった。シャトルによる商業的な衛星打ち上げは断念され、打ち上げる衛星はすでに開発が進んでいて、サイズや打ち上げ時の振動条件などの関係でどうしてもシャトルでないと打ち上げ不可能なものに限定された。搭載する貨物も宇宙実験室のように、シャトルでしか宇宙に運べないものに限られた。

１９９０年代を通じて、スペースシャトルは年間５回ほどの運航ペースを維持した。これは開発当初の「毎週打ち上げ」という目標の１／10であった。

チャレンジャー事故によるアメリカの停滞により、民間衛星打ち上げの世界トップに躍り出たのは欧州だった。

欧州は１９６０年代から欧州各国の国際協力を軸とした宇宙技術の獲得に向けた努力を続けていた。１９６０年代にイギリスが中心となり、フランス、西ドイツ、イタリアが参加して国際協力で「ヨーロッパ」ロケットを開発したが、これは無惨な失敗に終わった。ヨーロッパロケットの教訓の上に、１９７５年には国際機関の欧州宇宙機関（ＥＳＡ）を設立。今度はフランスが中心となって「アリアン」ロケットを開発した。

１９７９年12月、最初の「アリアン１」ロケットが南米フランス領ギアナのギアナ宇宙センターから打ち上げに成功した。１９８０年には、アリアンロケットを使った衛星の打ち上げを商業的に引き受ける会社のアリアンスペース社が設立される。

アメリカがスペースシャトルの失敗で停滞している隙を突いて、欧州は「国が集まって設立した国際機関が開発したロケットを、別途設立した国策実施のための民間企業が運用して、商業打ち上げ市場という新たな市場を開拓しようとした」のである。

その後、アリアンロケットは、「アリアン２」「アリアン３」と矢継ぎ早に改良され、打ち上げ能力を上げていく。アメリカがスペースシャトルの運航で四苦八苦している背後には、従来の使い捨て型ロケットで着実に実績を積み上げる欧州が迫っていたわけだ。

１９８０年代前半にレーガン政権が行った民営化政策によって立ち上がった衛星通信会社は、当初は衛星の打ち上げをシャトルに期待していた。そうした会社の衛星が次々に完成して打ち上げようかという時期に、チャレンジャー事故が発生した。

それらの衛星の打ち上げは、アリアンスペース社が運用するアリアンロケットに流れ込んだ。しかも、アメリカがチャレンジャー事故の影響から脱しようと四苦八苦している真っ最中の１９８８年6月、新型の「アリアン４」ロケットの初号機が打ち上げに成功した。

このアリアン4が欧州の勝利に決定的な貢献をした。アリアン4は、当時主流だった打ち上げ時重量2トン級の静止衛星2機を同時に打ち上げることができた。ユーザーからすると、ロケット打ち上げ費用の半分を払うだけで、衛星を打ち上げることができるわけだ。1980年代後半、静止衛星は高機能化・大型化しつつあり、次の世代は打ち上げ重量4トン級になることが予測されていた。その大型衛星も、衛星1機を搭載することでアリアン4は打ち上げることができた。アリアン4の打ち上げ能力が、ちょうど衛星側が必要としていたロケットの打ち上げ能力とぴったり合致したのである。

シャトルというライバルが潰れた結果、アリアン4ロケットは1990年代を通じて、世界の打ち上げ需要の過半を占めることに成功した。1990年代に入って、アメリカの「デルタII」「アトラスII」「タイタンIV」が運航を開始したが、「小さい衛星なら2機同時に、大きい衛星なら1機ずつ」のアリアン4にコスト的に勝てなかった。結果、いくつもの商業化の動きはあったものの、アメリカのロケットは活発なアメリカ政府の官需、つまりNASA衛星及び国防総省や国家偵察局などの安全保障関連衛星の打ち上げに特化していくことになる。

スペースシャトルというヒョウタンから小型ロケットという駒が生まれた

スペースシャトルという大失敗により、欧州に商業打ち上げ市場での圧倒的な勝利を献上してしまったアメリカ。しかし、シャトルから始まった宇宙商業化に向けての様々な宇宙ベンチャー育成策は、チャレンジャー事故の後も継続した。

その中から、小さなロケットを開発するという流れが生まれた。ちょうどイギリスのサレー大学でＳＳＴＬが立ち上がり、50kg級の小さな衛星の開発を活発に行うようになった時期である。

宇宙ベンチャーはどうしても資金が不足しがちだ。また技術も未成熟なので、起業当初から既存のメーカーに対抗できるような大きな衛星を開発することはできない。そこにＳＳＴＬに見るような「実は小さな衛星でも相当なことができるのではないか」という感触が加わり、アメリカでも小さな衛星を開発するベンチャーが出現しはじめた。ＮＡＳＡや国防省のベンチャー支援策によって仕事が回るようになると、自ずと「小さな衛星を希望する軌道に打ち上げられる小さなロケットが欲しい」というニーズが生まれる。

かくして登場したのが、１９８２年に起業した米オービタル・サイエンシズ・コーポレーション（ＯＳＣ）という宇宙ベンチャーであった。

１９８０年代から90年代にかけての、アメリカ政府のＮＡＳＡを中心とした宇宙ベンチャー支援策は、同国内に宇宙ベンチャー起業の気運を生み出した。が、その中から生き残り、成長軌道に乗った企業は非常に少ない。実際にゼロから起業し、衛星やロケットを製造するまで成長できたのは、ＯＳＣただ一社といっても過言ではない。

一般に新たな産業が興る時は、有象無象が多数参入してきて競争を繰り広げ、その中から生き残った数社が成長軌道に乗るものだ。20世紀の宇宙産業は、まだそのような環境にはなっていなかったのである。

空中発射ロケット「ペガサス」

ＯＳＣは最初、スペースシャトルで衛星を打ち上げる時に必要になる「上段」（Upper Stage）というロケットの開発をするために起業したベンチャーだった。スペースシャトルは衛星を高度数百㎞の軌道まで持っていって分離する。衛星が、そこからより高い静止軌道に上がっていくためには、別途衛星に装着する上段が必要になる。上段は単に推力を発生するだけのロケットではなく、自分の姿勢を知るためのセンサーと、姿勢を決定し噴射の間維持する姿勢制御用のスラスター（噴射によって姿勢を制御する小推力ロケットエンジン）、適切な方向に加速度が出ているかを計測する慣性誘導装置などが搭載された複雑な宇宙輸送システムでもある。

ＮＡＳＡと国防省は、ボーイング社の「ＩＵＳ」、ゼネラル・ダイナミクス社の「シャトル・セントール」と、スペースシャトルによる衛星打ち上げのために2種類の上段を開発していたが、政治との絡みもあってあまり開発はうまくいっていなかった。結局「ＩＵＳ」は実用化したものの、「シャトル・セントール」はチャレンジャー事故の余波を受けて開発中止になってしまった。ＯＳＣはそこに低価格を武器にして割って入っていこうとしたわけである。

ＯＳＣの上段「ＴＯＳ」はチャレンジャー事故前の１９８５年、ＮＡＳＡから4機の購入契約を獲得する（実際に衛星打ち上げに使用されたのは2機のみだった）。これで同社は成長のきっかけを摑(つか)んだ。

次にＯＳＣが狙ったのは、「アトラス」「デルタ」「タイタン」そして「アリアン」ではうまく打ち上げることができないより小さな衛星の打ち上げ市場だった。

1980年代、エレクトロニクスの発達により、より小さくて軽い衛星に、かつての大型衛星並みの能力を持たせることができる可能性が拓(ひら)けた。以前なら数百kgというような衛星で実現した機能を、50〜100kgの衛星で実現できるかもしれない——。

小型衛星の数が増えるなら、小型衛星を低コストで打ち上げる小型ロケットの需要が生まれることになる。そこでOSCは、小型衛星打ち上げ向けの小型ロケット「ペガサス」の開発を開始した。

ペガサスは、翼を持つ大変特徴的な3段式ロケットだった。航空機に吊(つ)り下げて高度1万2000mから空中発射される。各段はすべて固体推進剤を使用する固体ロケットだ。

発射には、最初NASAが保有していたNB-52B空中発射母機が使われ、後にはOSC自身が調達し、空中発射装備を取り付けたロッキード「トライスター」旅客機が使用された。このNB-52Bは、1950年代から60年代にかけてNASAの有人実験機「X-15」の発射に使われた由緒ある機体だ。NB-52の利用そのものも、NASAによる産業振興策の一環だった。

ペガサスは1990年4月に最初の打ち上げに成功した。ペガサスの成功は大きな話題となった。OSCは株式公開に踏み切り、成長軌道に乗ることができた。

ペガサス自体は、空中発射という運用形態が事前の予想ほど低コストにならなかったこともあり、大成功にはならなかった。が、ベンチャーが衛星打ち上げ用ロケットの開発に成功したという点で、その意義は大きい。その後、ＯＳＣは、より大型のロケット開発や、衛星事業にも進出していくこととなった。

ＯＳＣという会社の歴史を概観していくと、１９８０年代から90年代にかけてのアメリカの宇宙産業を巡る状況が見えてくる。ＯＳＣは基本的に自社技術をゼロから開発するのではなく、すでに存在する他社の技術を買ってきて、ＯＳＣ独自のアイデアに基づいてひとつの新しいシステムとして組み上げるという会社だった。宇宙産業という産業の市場規模がなかなか大きくならなかったので、新規参入者としては、すでに存在する企業を買収するという手段を使わなくては、企業成長が難しかったのである。

最初の製品であるＴＯＳは、ＯＳＣの求めに応じて米航空宇宙大手のマーチン・マリエッタ社（合併を経て現ロッキード・マーチン社）が、開発したものだった。また、ペガサスの各段の固体ロケットモーターは、ミサイル用及び宇宙用の固体ロケットモーターを製造・販売していたハーキュレス社に発注し、開発させたものだった。後にＯＳＣは、衛星の製造・販売に参入し、大型の静止衛星を製造するまでになるが、参入にあたってとった手段は技術を持つ企業の買収であった。

ＯＳＣという会社の成長の歴史は、企業買収の連続であったといってもいい。同社は２０１４年には、固体ロケットモーターなどを製造しているＡＴＫ社と合併してオービタルＡＴＫと社名を変更。２０１７年には、航空宇宙大手のノースロップ・グラマン社に買収されて、「オービタル」という名称は消滅した。２０２４年現在は、ノースロップ・グラマン社の子会社ノースロップ・グラマン・イノベーション・システムズ社という名称になっている。

ダークホースとなった旧ソ連のロケット

１９９０年代のＯＳＣの出現と成功は、宇宙産業全体の変化という点ではエポックメイキングではあった。しかし、１９９０年代初頭の宇宙開発分野では、比較的小さな話題だったと言わねばならない。当時、世界的な一大関心事は、ソ連の崩壊とそれに伴うソ連の技術資産の取り扱いだった。

１９９１年12月、ソビエト社会主義共和国連邦は崩壊し、15の国家に分裂した。宇宙関連の技術資産の多くはロシアが相続し、一部は関連企業・工場が立地していたウクライナのものとなった。中央アジアにあるロケット発射場のバイコヌール宇宙基地はカザフスタンのものとなり、ロシアがカザフスタンに賃貸料を払って借りるという運用形態になった。旧ソ連はミハイル・ゴルバチョフが書記長に就任した１９８５年以降、それまでの秘密主義を一変させて宇宙関連技術を積極的に公開し、西側に販売しようとしていた。

１９９０年12月にＴＢＳ・秋山豊寛記者が、「ソユーズＴＭ」宇宙船に西側民間人としては初めて搭乗して、宇宙ステーション「ミール」を訪れ、１週間滞在したのは、ソ連の宇宙技術開放とビジネス化の一例であった。

ソ連崩壊後のロシアも、その路線を継続した。正確には継続せざるを得なかった。新生ロシアは、大変な経済的困難に直面し、売れるものなら何でも売らねばならない状況だったからだ。その一方で旧ソ連時代に軍事・安全保障関連の官需で膨張したロシアの航空宇宙産業を、西側の民間市場への輸出だけで支えることは困難だった。

これは世界秩序の維持という安全保障面からは、好ましくない状態だった。ロケット技術は同時にミサイル技術でもある。ソ連のロケット技術、特に高性能ロケットエンジン技術は、アメリカ以上に高度なものだった。これが世界に拡散すれば、アメリカを中心としたポスト冷戦の世界秩序の維持にとって大きな障害となる。特に技術を持つロシア人技術者の海外流出を防がなくてはならない。そんな技術者がテロ支援国家に雇用されればテロリストへの技術移転が起きてしまう。

ロシアからの技術流出を防ぐには、西側各国政府が政策的にロシアの技術を買い上げ、ロシア国内の雇用を守らなくてはならない。

こうして１９９０年代の宇宙開発は、ロシアが開示した技術資産を世界平和のためにいかに利用するかが重要な課題となった。１９９３年12月には、西側各国だけで検討してきた宇宙ステーション計画に、ロシアの参加が決まり、名称も「ＩＳＳ：International Space Station」という現在のものに確定した。ロシアを受け入れるために、ＩＳＳの設計は、ロシアが独自に開発してきた「ミール２」宇宙ステーションのモジュールを取り込んだ形状に大きく変更された。

米国防総省は１９９４年からの「デルタⅡ」「アトラスⅡ」「タイタンⅣ」を置き換える新型の衛星打ち上げロケット「ＥＥＬＶ（Evolved Expendable Launch Vehicle：発展型使い捨てロケット）」の検討を開始した。ＥＥＬＶにはロッキード・マーチン社の「アトラスⅤ」とボーイング社の「デルタⅣ」が選定されて開発に入った。このうちアトラスⅤは第1段に、ロシアのエネルゴマシュ社が開発した高性能エンジン「ＲＤ－１８０」を使用することになった。アメリカの安全保障関連衛星を打ち上げるロケットがロシアのエンジンを利用するという、冷戦時には考えられない状況になったのである。アトラスⅤとデルタⅣは２００2年から運用を開始した。

また、アリアンロケットを運用する欧州のアリアンスペース社は、１９９6年にロシアとの合弁でスターセムという会社を設立し、ロシアの「ソユーズ」ロケットを使った商業打ち上げ事業を開始した。当初打ち上げは、バイコヌールやプレセツクといった旧ソ連の射場から行っていたが、後にギアナ宇宙センターにソユーズロケット用の発射設備を建設し、２０１1年から運用を開始した。

これらは、すべてロシアからの技術拡散を防ぐという国際政治からの要請に基づくものだった。同時にこの時期、ロシア自身もダンピング的な価格で輸出を行っており、「ロシアが旧ソ連時代に蓄積した高度な技術を、極めて安価に利用できる」という経済的な理由も見逃せない。

先述した、２００3年の最初のキューブサット打ち上げが、ＳＳ－19大陸間弾道ミサイルを転用した「ロコット」というロケットで行われたのも、この文脈で理解する必要がある。ロコットによる衛星打ち上げを西側で販売したのは独露合弁のユーロコット・ローンチ・サービスという打ち上げ会社だった。

この時期、他にも「SS‐18」大陸間弾道ミサイルを転用した「ドニエプル」ロケット、潜水艦発射ミサイル「R‐29R」を転用した「ヴォルナ」ロケットなどが、西側で衛星打ち上げサービスを販売した。これら安価なロシアの宇宙輸送システムは、基本技術は1950年代から80年代にかけて、旧ソ連がコスト度外視で開発したもので、冷戦終結に伴う平和がもたらした報酬であった。

アメリカのボーイング、ノースロップ・グラマンに代表される米官需で安定した収益を得ている大手航空宇宙企業、それに欧州全体が政策的に支援して対抗するアリアンスペースに代表される欧州航空宇宙産業、スペースシャトルから始まったアメリカ政府の宇宙ベンチャー育成策とそこから飛び出したOSCのような新興宇宙企業、冷戦終結とソ連崩壊に伴って西側の市場経済に流出した旧ソ連の宇宙技術――20世紀末の時点で、この4つが世界の宇宙産業を形成していた。

が、この時、21世紀の宇宙技術革新に向けた流れは全く別の方向から、ひそやかに始まっていた。出発点は意外に思われるかもしれないがインターネットだった。１９９０年代のインターネットの一般開放と急速な普及が、21世紀に入ってからの宇宙産業の盛り上がりを準備したのである。

ドットコムのバブルで資産を形成した者が宇宙産業に参入

遠隔地にあるコンピューターを通信でつなぎ、データをやりとりする研究は、１９６０年代から主にアメリカで行われてきた。その研究は多数のコンピューターがパケット通信という方式で相互に通信しあう形式となり、ＡＲＰＡネットという形で１９６９年――アポロ11号が月面有人着陸を成功させた年――に稼働し始めた。

ネットワークの技術研究と開発は、宇宙輸送系の技術開発とは対照的だった。宇宙輸送系の技術開発は、そのままミサイルの技術開発と重なり、かつ多額の資金を必要としたために、必然的に国家予算を消費する大規模プロジェクトとなった。他方でコンピューター・ネットワークの研究と技術開発は、最初の資金こそ米国防総省の研究補助金分配組織である高等研究計画局（ＡＲＰＡ：現在の防衛高等研究計画局ＤＡＲＰＡ）から拠出されたものの、大学と研究所を中心に、研究者と学生たちの自発的努力と献身によって進展した。ARPAネットに接続する大学・研究機関は増え続け、欧州や日本などからもアクセス可能になり、1986年には運営主体が全米科学財団（NSF）となり、名称もNSFネットとなった。電子メールやワールド・ワイド・ウェブ（WWW）といった便利なアプリケーションも次々に発明され、ネットの自由な雰囲気の中で急速に普及していった。こうして有用性を増したインターネットは、アメリカでは1992年に、日本では1993年から94年にかけて段階的に、一般に開放される。誰もがインターネットを利用できるようになったのだ。

ネットの一般開放は、同時に、それまで研究開発と学術用途に限定されていたインターネットを商業的に利用できるようになるということも意味していた。かくして、ネットを使って一旗揚げようとするベンチャー企業が多数立ち上がり、ネット起業がブームとなる。一気に拡大するネットは社会を変革した。情報流通はもちろんのこと、物資の流通や研究開発、商品開発のやり方までも、人間社会のありとあらゆる側面が、ネット以前とネット以後に区分できるほどの変化にさらされた。その変化は2024年の今も続いている。

その中から、従来では考えられないほどの巨額の富を得る者が現れた。そして、どういうことか、ネットで起業して多額の財産を得た者の中に、少なからず宇宙に興味を持つ者がいたのである。

そんな宇宙に興味を持ったネット成功者のひとりが、２０１０年代に入ると世界の宇宙開発に大きな影響を与えるようになる。イーロン・マスクである。

彼が２００２年に立ち上げた、スペース・エクスプロレーション・テクノロジーズ（スペースX）社は、創業から20年もかからずに、世界の宇宙開発を一変させてしまうこととなった。

第3章　イーロン・マスク、宇宙事業を変革する異端児

電子決済から宇宙へ

イーロン・マスクは1971年、南アフリカ生まれ。カナダ経由でアメリカに移住し、1995年からネット関連事業の起業を始めた。1999年に電子決済の会社X.comを起業。同社が同じく電子決済ベンチャーPayPalと合併し、そのPayPalが2002年にオンラインオークションのeBayに買収されたことで、彼は1億7580万ドルの資金を手に入れた。

これを元手に、マスクは2002年に宇宙ベンチャーのスペースXを立ち上げた。ちなみに翌2004年には2003年創業の電気自動車ベンチャーのテスラ・モータース（現テスラ）に出資して筆頭株主になり、同社会長に就任している。

イーロン・マスクはスペースX創業時に、トム・ミュラーをはじめとしたTRW社のロケットエンジン技術者グループをスカウトすることに成功した。これが同社の発展にとって決定的な要因となる。TRWはNASAや国防総省のロケットエンジンの研究開発計画に長年携わって来ており、ロケットエンジンに関して豊富な技術的蓄積を持っていた。そのTRWで第一線の研究開発に参加していたトム・ミュラーらを得たことで、スペースX

は、なにもかもゼロからスタートするのではなく、それこそアポロ計画以来のアメリカの技術的蓄積の上に立って、ロケットの開発を始めることが可能になったのである。

スペースXが起業した2002年の世界の宇宙開発の状況はといえば、低価格を武器にしたロシアのロケットが、商業打ち上げ市場をリードしていた。

前章に書いた通り、1990年代、米欧は政策的にロシアの航空宇宙産業と積極的な協力を進めていった。

ロシアの安価な打ち上げ手段が提供されたことで、欧米や日本では、小型・超小型衛星の開発が活発化した。数が増えれば、これらの国で小さな衛星を打ち上げるという市場の要求が拡大する。すると、ロシアのロケットとは別に、小さなロケットに対するニーズも発生する。1990年代のOSC製「ペガサス」ロケットは、大成功とまではいかなかった。まだ小型衛星の利用が十分に活発ではなかったからだ。しかし今度は状況が違う。小さな衛星を打ち上げる小さなロケットが商業的に成功するかもしれない。

その先陣を切ったのが、イーロン・マスクであり、彼が立ち上げたスペースX社であった。

ファルコン1ロケットで衛星の商業打ち上げに成功

2002年時点では、「民間資金で液体推進剤を使用する小型の衛星打ち上げ用ロケットをゼロから開発し、運用する」という目標を掲げたベンチャーはスペースXのみだった。スペースXが最初に開発した「ファルコン1」ロケットは、ケロシン（灯油）と液体酸素を推進剤に使う2段式の液体ロケットで、高度数百kmの地球を南北に回る円軌道（太陽同期軌道）に200kgという打ち上げ能力を持っていた。

スペースXはファルコン1の開発にあたって米国防総省の支援を受けた。まず、国防総省・防衛高等研究計画局（DARPA）は研究開発用の衛星打ち上げ契約をスペースXと結んだ。つまり最初のファルコン1の顧客になったのである。このように、国の組織がベンチャーの製品を積極的に購入することで支援することを、アンカーテナンシーという。

また、スペースXは、太平洋・クウェゼリン環礁に米陸軍が保有するミサイル試験場のロナルド・レーガン弾道ミサイル防衛試験場を使用した。スペースXはアメリカ本土のカリフォルニア州にある空軍施設からの打ち上げを希望したが、空軍が難色を示したためだった。

野心的目標を掲げたベンチャーの初期にありがちなことではあるが、ファルコン1の開発は決して順調ではなかった。2006年5月の最初の打ち上げは、打ち上げ後33秒で第1段エンジン「マーリン」が停止してしまい、機体は落下して失敗した。2007年3月の2号機は、第1段は正常に動作したものの、第2段エンジン「ケストレル」が予定よりも早く停止してしまい、失敗した。2008年8月に打ち上げた3号機は、第1段と第2段が分離直後に衝突して失敗した。

度重なる失敗の末、2008年9月の4号機で、やっとファルコン1は打ち上げに成功した。4号機は、衛星の代わりにダミーウエイトを搭載していた。2009年7月の5号機で、ファルコン1は商業契約に基づき、マレーシアの地球観測衛星「ラザクサット」を搭載して打ち上げに成功した。

ファルコン1の設計に仕込まれたイーロン・マスクの狂気

ここで、ファルコン1の設計を少し細かく見ていこう。ファルコン1は、エンジンはそれほどでもないものの、機体は2段式と、それなりに技術的に高度なものだった。言い換えれば開発は難しい。

ロケットは、大気圏を抜けた空気抵抗がほとんどない高度数百㎞で、水平方向に最低で約7・8㎞／秒の速度で衛星を放出することで衛星打ち上げを行う。途中ロケットは、空気抵抗を受けたり、垂直に上昇する際に地球の重力に引っ張られたりしてエネルギーの損失が発生するので、実際はそれ以上の速度に加速できる能力が必要になる。よって、衛星打ち上げに必要なロケットの加速能力は約10㎞／秒だ。

が、現在の主流である化学推進剤を使うロケットでは、単段式で達成することは非常に難しい。

そこで、ロケットは多段式という形式を採用する。1段、2段とロケットを積みかさね、第1段の燃焼が終わったら切り離して捨てて第2段に点火、さらに加速する。

多段式にすることによって、途中で空になった機体の一部を捨て、身軽になって加速することができる。結果として同じだけの推進剤を使っても、より高い速度に到達できる。

ところで、推進剤は種類によって性能が異なる。性能は、比推力と推力という2つの指標で測ることができる。比推力というのは、ごく簡単に説明すると自動車の燃費に相当する指標だ。ロケットの場合は、打ち上げ時に推進剤の全量を持っていくので、燃費が良いほど最終的により高速に到達できる。推力は、どれだけ大きな力を発生させることができるかだ。

比推力が大きくなると、最終的な到達速度が大きくなる。推力が大きくなると加速度が大きくなる。この２つは相互に関係している。例えば、推力が小さくとも、燃費に相当する比推力が良いと、うんと長い間、推力を発生させることができて、最終的な到達速度は大きくなる。

その他にもうひとつ、推進剤の取り扱いのしやすさという、実用面での重要な指標がある。

比推力、推力、そして取り扱いの容易さ、これらは多くの場合、お互いに矛盾する。どれかが良ければ、どれかが悪くなる。

現在実用化している推進剤の中で、もっとも比推力が良いのは、液体水素と液体酸素という組み合わせだ。しかし液体水素は零下２５０℃と極低温で取り扱いが非常に難しい。しかも水素は分子量が２ととても分子が小さいので大変漏れやすい。配管の継ぎ手やバルブの気密性確保などが難しくなる。また密度が０・０７、つまり１リットルがたった70ｇと軽い。つまり他の密度の高い推進剤と同じだけの重量をロケットに積もうとするとそれだけ推進剤タンクが大きくなる。推進剤タンクが大きくなるということは、それだけロケットが重くなるということだ。その分、せっかくの高比推力を、タンクの重量がスポイルしてしまうわけだ。

かつては、窒素と水素の化合物であるヒドラジンと窒素と酸素の化合物である四酸化二窒素、という組み合わせもよく使われた。ヒドラジンも四酸化二窒素も常温で液体なので扱いやすい。しかもこれらは混ぜると勝手に火が着く自己着火性という便利な性質を持つ。比推力もそこそこなので、大変優秀な推進剤だ。宇宙空間で使う衛星用の小推力エンジン――スラスターという――には今も盛んに使われている。ところが、困ったことにヒドラジンも四酸化二窒素も毒性があり、取り扱いには注意を必要とする。事故を起こしてロケットが墜落した場合は、後処理作業は危険なものとなる。

この観点から、ファルコン1の採用したケロシンと液体酸素という組み合わせはどうかといえば、中庸という評価になる。米ソ両方で宇宙開発の初期から使われてきた組み合わせで、ロケットの推進剤として使用するためのノウハウは十分に蓄積されている。毒性はヒドラジンと四酸化二窒素の組み合わせほどではない。ケロシンは家庭用ストーブでも使われるぐらいだし、液体酸素は蒸発すれば拡散して空気中の酸素と混じるだけである。ケロシンは常温で液体だ。液体酸素は零下１８３℃と低温だが、液体水素ほどの極低温ではなく、それだけ扱いやすい。その意味で、ファルコン1のケロシンと液体酸素という推進剤は、大変手堅い選択といえた。

エンジンの形式もまた手堅かった。液体ロケットエンジンは、燃料と酸化剤という2種類の燃焼室に吹き込み、混合して燃焼させ、発生した高温ガスをノズルから噴射することで推力を発生させる。燃焼室は高圧になるので、推進剤はそれに負けない圧力で燃焼室に押し込む必要がある。推進剤に圧力をかける方法は2つ、高圧ガスタンクを搭載して、ガス圧で押し込むか、それともポンプで押し込むかだ。

ポンプを動かすには動力源が必要だ。液体ロケットエンジンの場合、普通はタービンを動力に使う。推進剤の一部を取り出して別途燃焼させ、そのガスでタービンを回してポンプを駆動するわけだ。タービンで駆動するポンプのことをターボポンプという。ターボポンプを駆動する燃焼ガスの作り方で、ロケットエンジンの動作の仕方が決まる。これをエンジンサイクルという。

ファルコン1のために、スペースXは第1段用「マーリン」と第2段用「ケストレル」という2種類のエンジンを開発した。第1段用エンジンの「マーリン」は、燃焼室とは別のガスジェネレーターという小さな燃焼器に一部の推進剤を導いて燃焼させ、そのガスでターボポンプを駆動する。ターボポンプを回した後のガスは、そのまま捨ててしまう。このエンジンサイクルのことを、ガスジェネレーターサイクルという。

ガスジェネレーターサイクルは、すべての液体ロケットの基礎というべき、もっとも基本的で技術的に手堅いエンジン形式だ。

第2段のケストレルは、より簡単な推進剤タンク内に高圧ガスの圧力をかけて推進剤を燃焼室に押し込むガス押しサイクルだ。

推進剤とエンジンサイクルの手堅い選定――ファルコン1は、エンジンまわりでは余分な技術開発を避け、使えることが分かっている技術のみを採用している。

これは、ベンチャーの最初の商品としては大切なことだ。ただでさえ、起業直後のベンチャーには、社会的信用がない。最初のプロジェクトを成功させることで、さらなる投資を呼び込むことが、生き残りには必須である。だから最初のプロジェクトは技術的な冒険を避けた、なるべく手堅い設計であることが必須である。

しかし、手堅いだけでは、投資家にとっては魅力に欠ける。なにかひとつでも新しい技術的要素を入れて、「これはいままでになかった新しい商品です」というアピールを行う必要がある。

ファルコン1の場合、新しい要素は「2段式ロケットである」という点だった。

それまでの、ケロシンと液体酸素を推進剤に使うロケットの場合、3段式を採用するのが普通だった。3段式だと、地球を周回するのに必要な速度――高度数百kmで水平方向に7・8km／秒、エネルギー損失を考慮してロケットに要求される到達速度は10km／秒――を3つの段で分担する。つまりそれぞれの段にそれだけ設計的な余裕ができる。

それを2段式では2つの段で分担する。つまりそれぞれの段がそれだけ高い速度に到達できる性能を持たなくてはいけない。例えば加速を各段で等分割すると仮定すると、3段式なら各段3・3km／秒に到達できればよいところを、2段式なら各段5km／秒に到達する能力を持たねばならないということになる。それだけロケットエンジンの性能を上げ、機体を軽量化する必要がある。その一方で段がひとつ不要になるので機体は簡素化され、低コストで製造できるようになる。

そこでファルコン1は、摩擦攪拌（かくはん）接合（FSW）という新しい技術を用いて、機体を軽量化した。FSWは、接合する金属部材に円筒形状の工具を押し当てて高速回転させる。すると摩擦熱で接合部材が柔らかくなって流動するようになり、同時に回転で攪拌されてくっ付くという接合法だ。この方式だと溶接やリベット止めよりも高強度での接合ができるので、それだけ機体を軽量化できる。

手堅いエンジンまわりと、FSWが実現する2段式という新しいアピールポイント——ファルコン1は、ベンチャーの最初の商品として大変よくできた構成をしていることが分かる。

が、ファルコン1にはもうひとつ、新しい技術が搭載されることになっていた。ファルコン1はパラシュートで第1段を着水、回収して再利用する予定だったのだ。これは、創業者であるイーロン・マスクの強い要求によるものだった。イーロン・マスクの特異な発想は、ファルコン1の時点では、プロジェクト全体にとって重荷でしかなかった。が、彼の回収・再利用に対する執着が、その後のスペースXの発展にとって、重要な鍵となっていくのである。

〝物理学帝国主義〟的発想法が世界を変えていく

イーロン・マスクは、２００２年のスペースX起業当初から、火星への移民を可能にする、と語ってきた。小さな衛星のために小さなロケットを開発しようとするベンチャーのトップにしては、誇大妄想的発言だが、彼は大まじめであった。

彼は常に「原理原則に立ち戻る」という方法で物事を考える。それはなによりも現実世界の科学的理解に基盤を置いており、他方で今の人類社会の様々な状況についてはあまり考慮していない。「物理学帝国主義」と形容できるかもしれない。

火星移民は、「地球の表面に居住するだけで、文明は安定して長期間存続できるか」という根源的な設問から始まっている。答えはＮｏだ。恐竜滅亡の一因となった可能性もある小天体の地球衝突、白亜紀末期にインドのデカン高原を形成したような特大規模の噴火やそれにともなう気候変動、あるいは人為的な全面核戦争――地球上の文明を一気に滅亡させる事象はいくつも考えられる。

そのような災厄から文明を守り、さらに発展させるにはどうするべきか。地球以外の場所に文明のバックアップを作ればいい。

では、どこに。火星だ。

火星の表面重力は地球の６割ほど。１日は、24時間40分ほどで地球とほぼ同じだ。表面の気温は零下80℃から30℃。厳しいが耐えられないほどではない。大気は薄く、そのほとんどが二酸化炭素。酸素は含まれていない。が、二酸化炭素から酸素を取り出すことはできる。住めなくはないだろう。

火星移民を実施するためにまず何が必要か。ロケットだ。だから、ロケットを開発して運用する。それが２００２年のアメリカという国で実際にできるかどうかは関係ない。やらねばならないと考えるからやるし、持てる資金はすべてそのために注ぎ込む。

彼にとってファルコン１は、火星に人類社会のバックアップを作るための第一歩だったのである。

火星に大規模移民するためには、大量のロケットを打ち上げる必要がある。そのためにはロケットの打ち上げコストを劇的に低下させなくてはいけない。

ここでも彼は、原理原則に立ち戻って考える。ロケットのコストは機体が99％で、推進剤が１％だ。その機体を１回使っただけで海に落とし、使い捨てにしている。機体を回収して再利用し、推進剤を詰めて打ち上げることができれば、打ち上げコストは１／１００になるはずだ――。

実際にはそんな簡単な話ではない。回収にはコストがかかるし、再度の打ち上げまでに整備が必要ならそのコストもかかる。回収と再利用のための設備を整備するコストも必要だ。スペースシャトルは、オービターと固体ロケットブースターを回収再利用したが、そのためのコストが使い捨てにするよりもはるかに大きくなってしまい、失敗した。

しかしイーロン・マスクは原理原則で押す。原理的には回収再利用は可能であり、回収再利用によりコストが低下することも間違いない。回収と再利用に新たなコストがかかるというなら、コストを圧縮する方法を考えるべきだ。

結果、ファルコン1の第1段は、パラシュートを搭載し、回収可能なように設計された。

ファルコン1は、最初の3回の打ち上げに失敗し、4回目でやっと成功。5号機では、商業打ち上げに成功した。普通ならば、どんどんファルコン1の打ち上げを行っていくべき局面だ。しかし5号機は同時に、ファルコン1の最終号機にもなった。宇宙輸送系ベンチャーを巡る米国内の環境が劇的に変化したためである。変化の根源には、スペースシャトルと国際宇宙ステーション（ＩＳＳ）、そして米大統領府の方針転換が存在した。

シャトル引退後もISSを運用するために

1998年、ロシアも計画に加わったISSの建設が始まった。同年11月に最初に打ち上げられたのはロシアの「ザーリャ」モジュール。続いて12月にはスペースシャトル「エンデバー」が最初のアメリカモジュール「ユニティ」を輸送してザーリャとドッキングさせた。2000年7月、ロシアの「ズヴェズダ」モジュールが打ち上げられて軌道上のザーリャとユニティにドッキングした。ズヴェズダは旧ソ連が計画していた「ミール2」宇宙ステーションで、ステーション機能の根幹を担う予定だったモジュールで、宇宙飛行士の長期滞在用設備を搭載していた。ズヴェズダの打ち上げで、ISSは宇宙飛行士の長期滞在が可能になり、同年11月にはISS第一次長期滞在クルーが乗り組んで、ISSの有人運用が開始した。

アメリカは、ISSの組み立て開始以降、スペースシャトルの運航目的を基本的にISS組み立てのみに限定した。ISSのモジュールやトラス、太陽電池パドルなどの構成要素は、スペースシャトルでの打ち上げを前提としており、他のロケットではできなかったからである。ISS計画は、当初の1992年完成予定から大幅に遅れており、順調に各要素を打ち上げて早期に完成させるには、シャトルの全輸送能力をＩＳＳ組み立てに利用する必要があった。最終的にＩＳＳ完成までに、スペースシャトルは39回のＩＳＳへの飛行を実施した。

が、ＩＳＳ優先の運航スケジュールを組む中で、実施が遅れる宇宙実験が増えてしまった。そこでＮＡＳＡはスペースシャトルのフライトを１回、シャトルに宇宙実験室を搭載した宇宙実験フライトに割り当てることにした。宇宙実験専用の飛行はフライトナンバーＳＴＳ－１０７で、オービターは「コロンビア」が使用された。

ＳＴＳ－１０７「コロンビア」は、２００３年１月16日に打ち上げられ、16日間のフライトスケジュールを順調に消化し、２月１日に帰還の途に就いた。が、コロンビアが地表に帰還することはなかった。大気圏に再突入したコロンビアは北米大陸上空で空中分解し、リック・ハズバンド船長以下７名の宇宙飛行士の命が失われた。

事故原因は、打ち上げ時にシャトル外部タンクから剝がれた断熱材がオービターの翼前縁に衝突し、前縁の熱防護材を破損していたためだった。大気圏投入時に高温となった高層大気プラズマが破損の穴から機体内に侵入し、機体構造を破壊したのである。

チャレンジャー事故以来の機体喪失で、またもアメリカの宇宙開発は大きな足踏みを強いられた。最大の問題は、設計目標とはうらはらの高い運航経費が必要で、２度も大事故を起こし、かつ１９８１年の初飛行から20年以上が経過して老朽化が進みつつあるスペースシャトルを今後どのように扱うかであった。

２００４年1月、ブッシュ米大統領は、新しい宇宙政策を発表した。スペースシャトルは、ＩＳＳ建設にのみ使用し、完成後に引退させる。代わってアメリカは新たな有人月探査計画を立ち上げ、そのための新しい有人宇宙船とロケットを開発する。新しい有人宇宙船は２００８年に試験飛行を行い、２０１４年から有人飛行を行う。新宇宙船はＩＳＳの宇宙飛行士の往復にも使用する。ＩＳＳは２０１７年で運用を終了させ、２０２０年までに有人月着陸を実現する――。

シャトルとＩＳＳに見切りをつけて、新規まき直しでアポロ以来の有人月探査計画を立ち上げようという内容だ。

ブッシュの新宇宙政策から、ＮＡＳＡにとって新たな課題が発生した。ＩＳＳを２０１７年で運用終了するのはいいが、運用期間中の補給物資の輸送はどうすればいいのか。有人輸送は新宇宙船（後に「オリオン」と命名された）を使うというが、それで補給物資を運べるわけではない。また、２０１７年に運用終了といっても、国際パートナーとの交渉もあるし、ブッシュの後継政権でのちゃぶ台返しがある可能性も否定できない（実際、２０２４年現在もＩＳＳの運用は続いており、２０３０年までの運用が確定している）。とすると、ＮＡＳＡとしてはシャトル引退以降のＩＳＳへの補給物資の輸送手段を確保する必要がある。

ここでＮＡＳＡは、思い切った手段を取った。従来ならばＮＡＳＡが主体となって物資輸送船を開発するプロジェクトを立ち上げたところを、民間企業に巨額の補助金をつけて物資輸送船開発を競わせたのである。「開発資金を補助金としてつけるから、物資補給船を作ってこい。出来が良ければ買い上げて、実際にＩＳＳへの物資補給に使う」という手法だ。

これにスペースＸは応募し、採用されたのである。

ファルコン1からファルコン9への飛躍

物資補給船開発の補助金計画「ＣＯＴＳ（Commercial Orbital Transportation Services　商業軌道輸送サービス）」は２００６年1月に発表された。この時点で、スペースＸのファルコン1はまだ初号機を打ち上げておらず、同社はファルコン1の次のステップとして、第1段に、ファルコン1第1段のために開発した「マーリン」エンジン5機を使用する、より大きな衛星打ち上げ用ロケット「ファルコン5」を検討していた。が、スペースＸの立ち上げにあたってイーロン・マスクの用意した資金はロケット開発には十分ではなく、同社は更なる資金を必要としていた。スペースＸにとって、ＣＯＴＳはまさに干天(かんてん)の慈雨(じう)だったのである。

ＣＯＴＳは、ＩＳＳへの物資補給船と、それを打ち上げるロケットの両方の開発を要求していた。つまり、ＣＯＴＳの補助金を獲得できれば、スペースＸはＮＡＳＡから、ＩＳＳへの物資輸送という安定した官需を獲得できるだけではなく、ファルコン5を超える大型の衛星打ち上げ用ロケットが開発でき、それを使って世界の商業打ち上げ市場へ本格的に参入することが可能になる。

ただし、ＣＯＴＳ用大型ロケットは、開発中のファルコン1の技術要素を最大限に利用し、低リスクで開発できなくてはいけない。

そこで出てきたのが、「マーリンエンジンを第1段で9基、第2段に1基使用する2段式の大型ロケット」、後の「ファルコン9」ロケットだった。ロケットエンジンの新規開発は、新ロケット開発にあたって最大のリスク要因である。ファルコン9はすでに完成しつつあるマーリンエンジンをそのまま使うので、開発にあたってのリスクはそれだけ低くなる。

スペースXは、ファルコン9と、大気圏再突入可能なカプセル型宇宙船「ドラゴン」の組み合わせで応募した。

COTSにはボーイングのような大手から、ぽっと出のベンチャーまで様々な企業が応募したが、第1段階でスペースXと、1990年代の成功者であるオービタル・サイエンシズ（OSC）、そしてスペースXと同じくベンチャーのロケットプレーン・キスラー社が選定された。その後キスラーが脱落したため、COTSはOSCとスペースXの2社が担うことになった。

COTSの補助金が入ったことで、スペースXはファルコン9の開発を行うことができた。2010年6月、ドラゴン物資補給船のテスト機を搭載したファルコン9初号機が、フロリダ州のケープ・カナヴェラル空軍基地から打ち上げに成功した。

ファルコン9初号機は、地球低軌道に約9トンの荷物を打ち上げる能力を持っていた。これは、日本のH－ⅡAロケットの10トンよりやや小さめだ。ただし、日本は1969年の宇宙開発事業団（ＮＡＳＤＡ）設立から、この規模のＨ‐Ⅱロケット（１９９４年初号機打ち上げ）を打ち上げるまで、25年かかった。スペースＸは、２００２年の起業から８年で、同規模のファルコン９を打ち上げるまでになったわけだ。この開発速度は、「ファルコン１」から、同型エンジンを９基束ねた「ファルコン９」へというロードマップが、技術的に理に適った合理的なものであったことを示している。

最終的にスペースＸの「ドラゴン補給船・ファルコン９ロケット」が２０１２年から、ＯＳＣの「シグナス補給船・アンタレスロケット」が２０１３年からＩＳＳへの物資補給に用いられるようになった。

しかし、ファルコン９の完成は、スペースＸにとって到達すべき最終目標ではなかった。逆に、ファルコン９初号機の打ち上げ成功から、同社はさらに速度を上げて、それまでの宇宙開発とは全く異なる、それこそ〝異次元の速度〟で技術開発を進めていくのである。

異例の「改良に次ぐ改良」

ロケットは部品点数が多く、それだけ故障しやすい。初期のロケットは成功率は90％程度、１９９０年代に入っても世界的に成功率は95％程度、21世紀に入って、成功率は98％を超えたか、という程度だ。鳴り物入りで運航を開始したスペースシャトルは、全１３５回の打ち上げで、チャレンジャー、コロンビアと致命的な事故を２回起こした。成功率は、98・５％だ。ちなみに東海道新幹線は、毎日３００本ほどが運行されている。シャトルの成功率を東海道新幹線に当てはめれば、毎日４、５本が大事故を起こしている計算となる。

従って、これまでロケットは一度完成すると、めったなことでは設計を変更することはなかった。設計変更を行うことで、かえって事故が増えてしまったら元も子もないからだ。「ＢｅｔｔｅｒはＧｏｏｄの敵」という言葉すらある。良かれと思って行う改良が、事故の原因となる可能性があるのだ。

しかし、スペースＸは、２０１０年のファルコン９初号機打ち上げ成功後、ファルコン９の改良を大変な勢いで進めていった。

最初のファルコン９は、「バージョン１・０」というバージョン番号を持っていた。この機体は２０１３年３月打ち上げの５号機まで使われ、６号機からは「バージョン１・１」という名称の改良型が打ち上げられるようになった。最大の変更点は第１段エンジンが、ファルコン１と共通の「マーリン１Ｃ」から、改良して推力を増強した「マーリン

1D」となったことだ。同時に第1段のエンジン配置も、田の字型に9基を3×3で並べていたものを、正八角形の頂点に8基と中央に1基の「オクタウェブ」という配置に変更された。エンジンが強力になった分、打ち上げ能力も向上し、地球低軌道に13・1トンまで増加した。

が、それ以上に大きな変化は、この「ファルコン9 v1・1」から、第1段を逆噴射で着陸させ、回収・再利用するための実験が始まったということである。

スペースXは、ファルコン9を、スペースシャトル以来30年振りの、「回収・再利用する宇宙輸送系」として完成させようとしたのである。

しかも、後述するように、このバージョン1・1は、ファルコン9改良の終わりではなかった。

ファルコン9第1段の回収・再利用へと進む

スペースXは、ドラゴン・ファルコン9の構想検討にあたって、いくつもの伏線とでも形容すべき将来への発展性を組み込んだ。ドラゴンは、単に補給物資をISSに運ぶだけではなく、大気圏再突入能力を持ち、ＩＳＳで行った宇宙実験の結果などを地表に持ち帰ることができた。これはドラゴンを有人宇宙船へと発展させることを最初から想定したものだった。

また、使用後に切り離されたファルコン９第１段を逆噴射で着陸・回収させて再利用する検討も始まった。

スペースシャトルは、大きな翼で滑空して帰還することが運航コストの高騰のひとつの原因となった。翼は打ち上げ時にはただの重りでしかないからだ。それに対して逆噴射による着陸は、打ち上げでも使うロケットエンジンをもう一度点火して着陸するので、翼のような余分な装備は不要だ。その分軽く作れるので、第１段を回収・再利用できれば、打ち上げコストを下げることができる。しかも第１段は地球周回軌道に入らずに、自然に落下してくる。落ちてくるところを逆噴射で減速して着陸させるだけで回収できる――というのがイーロン・マスクの目論見（もくろみ）だった。

彼はファルコン９で、第２段の回収・再利用も狙っていたが、一度地球周回軌道に入ってしまう第２段の回収、再利用はさすがに難しく、後に断念している。

逆噴射での着陸には、なによりも第１段ロケットエンジンの推力を調節する機能が必要になる。打ち上げ時の第1段は推進剤を満載していて重いが、着陸時には推進剤をほぼ使い切っていて非常に軽くなっている。第1段エンジンの推力が同じままだと推力過大で、降りてくることができない。

自動車のエンジンはアクセルペダルでアイドリングから全開まで出力を調整できる。しかし液体ロケットエンジンは通常、推力を調節できない。点火したら一定の推力で噴射を続けることを前提に設計する。

ここで、TRW社から来たトム・ミュラーらがファルコン1第1段用のマーリンエンジンを設計したことが伏線として効いてきた。TRWはアポロ計画で、月着陸船の月面用着陸エンジンを担当していた。月への着陸にはロケットエンジンの推力をきめ細かく調節する必要がある。そこでTRWは、エンジン燃焼室に推進剤を吹き込むインジェクターという部品のために、ピントル型という、推力の調節を柔軟に行えるインジェクターを開発し、特許を取得していた。ピントル型インジェクターにはその他にも構造が簡単、安定した燃焼が実現できるというような利点がある。

TRWに勤務していたミュラーは当然ピントル型インジェクターの利点を知っており、しかもTRWの特許は、スペースXが起業した時点で切れていた。このため、ミュラーらはマーリンエンジンにピントル型インジェクターを採用していたのである。

実はイーロン・マスクは、ファルコン1の開発の時点で、ロケットの回収・再利用に執心していたので、それもあってマーリンにピントル型インジェクターを採用したのかもしれない。いずれにせよ、マーリンエンジンは、最初から推力の調節が容易な設計になっていたのである。

さらに、ファルコン9第1段が、9基のマーリンエンジンを装備していることが、逆噴射着陸には有利に働く。エンジンを止めていけばそれだけで推力を調節できるのだ。6基を止めて3基を噴射すれば推力は1／3、8基を止めて1基を噴射すれば1／9だ。そして最後の1基の推力をピントル型インジェクターを生かして絞っていけば、逆噴射による安全な着陸が可能になる。

さらに、ファルコン9の設計にあたっては、2基の第1段をブースターとして使用して打ち上げ能力を向上させる「ファルコン・ヘビー」という能力増強案が用意された。打ち上げ能力は、地球低軌道に63・8トンもある。同じ軌道への打ち上げ能力が100トンを超えるアポロ計画の「サターンV」や、旧ソ連が開発した「エネルギヤ」に次ぐ、世界最大級のロケットとなる。

仕込んだ布石が、ことごとく当たりの目を出す

これら、COTS向けのファルコン9に組み込んだ発展性が、その後の状況の変化の中ですべて「当たり」の目を出して、スペースXは単なる一ベンチャーから、世界の宇宙開発の先頭に立つ大企業へと発展していくことになった。

まず、ドラゴンの再突入機能だ。2004年のブッシュ宇宙政策は、新型のカプセル型宇宙船「オリオン」を2014年には有人で運航させて、ISSへの宇宙飛行士の往復に使うとしていた。しかしオリオンの開発はずるずると遅れ続けた。シャトルが引退する2010年からオリオンが運航を開始する2014年までは、ISSへの宇宙飛行士の往復は、ロシアのソユーズ宇宙船に頼る予定だったが、オリオンの大幅な遅れによりソユーズ依存は4年では済まず、8年、10年と長引く可能性が非常に高くなった。最悪の場合、オリオンの開発が失敗してアメリカの有人宇宙活動の能力が失われる可能性すらあった。

この状況を打開するため、2010年にNASAは有人宇宙船開発でもCOTSと同じ大規模な補助金計画を立ち上げた。「開発に必要な補助金を支出するから、有人宇宙船と有人宇宙船を打ち上げるロケットを作れ。完成して出来が良ければ、ISSへの往復飛行

のために買い上げて使用する」というわけだ。

この補助金計画「ＣＣＤｅｖ（Commercial Crew Development：商業乗員輸送開発）」に、スペースＸは、「ドラゴン」物資補給船を有人化した「クルー・ドラゴン」有人宇宙船と、ファルコン９ロケットの組み合わせで応募した。同社は最初の「ドラゴン」物資補給船を改良した「ドラゴン２」を開発する構想を持っており、これを有人化して有人の「クルー・ドラゴン」と物資補給用の「カーゴ・ドラゴン」に作り分けることにしたのである。

ＣＣＤｅｖはラウンド制を採用し、参加各社の提案をラウンドごとに比較審査して、候補を絞っていくという形式を取った。２０１０年の第１ラウンド「ＣＣＤｅｖ１」では、スペースＸを含む５社が選定され、翌２０１１年の第２ラウンド「ＣＣＤｅｖ２」ではスペースＸを含む４社に絞られた。続く２０１２年の第３ラウンドでは「ＣＣｉＣａｐ（Commercial Crew Integrated Capability：商業乗員統合能力）」と名前が変わり、「ＣＣｉＣａｐ第１段階」で、スペースＸ、ボーイングと、米軍需大手のシエラ・ネヴァダ・コーポレションの３社のみとなり、最終的に２０１４年の「ＣＣｉＣａｐ第２段階」で、スペースＸのクルー・ドラゴン／ファルコン９と、ボーイングの「ＣＳＴ－１００スターライナー」有人宇宙船／アトラスVロケットの組み合わせが、ISS向け乗員輸送有人宇宙船として使われることになった。

ここで、宇宙開発の主役交代を象徴するかのような出来事が起きた。「クルー・ドラゴン」は2020年3月にISSドッキングを含む初の無人飛行を、2020年5月に最初の有人試験飛行をそれぞれ成功させ、同年11月からISSへの宇宙飛行士往復用に使われるようになった。2023年末までに10回の有人飛行を実施している。うち7回がISSへのドッキングで、3回が民間資金による有人宇宙飛行だ。

それに対してボーイングの「スターライナー」は、2019年12月の無人飛行試験で、プログラムのバグで推進剤を過剰に消費してしまい、ISSへのドッキングを断念。2022年5月の2回目の無人飛行試験で、やっとISSへのドッキングを含む飛行試験を成功させた。初の有人飛行は2024年6月まで遅れた。スペースXのクルー・ドラゴンに対して4年遅れということになる。

素速く失敗を繰り返して、高速の技術開発を可能にする

スペースXのファルコン9第1段再利用に向けての試みは、まず「グラスホッパー」という実験機から始まった。２０１２年9月に技術試験機「グラスホッパー」を使った、離着陸試験をテキサス州マクレガーの同社試験施設で開始。試験は２０１３年10月までに８回行われ、グラスホッパーはロケット噴射で最高７４４ｍまで上昇し、その後ゆっくりと降下して着陸することに成功した。

続けてスペースXは、同社のロケット「ファルコン９」第1段を模擬した技術試験機「Ｆ９Ｒ‐Ｄｅｖ」を使った試験へと進んだ。同機は同じくマクレガーで、２０１４年４月から8月にかけて5回の飛行試験を実施し、高度１０００ｍまで到達したが、８月22日の試験で、空中爆発を起こして機体は失われた。機体が予定していた範囲からはずれたことにより、自動的に破壊コマンドが動作したためだった。

Ｆ９Ｒ‐Ｄｅｖの試験と並行して、スペースXは実際の衛星打ち上げを利用した実験へと進んだ。同社が運用する「ファルコン９」ロケットの第1段を姿勢制御用のスラスターと展開型空力フィン、４本の着陸脚を装備した垂直着陸可能な仕様に改修し、各種試験を一歩ずつ進めていったのである。

ファルコン9の第1段には、「マーリン」エンジンが9基装備されている。打ち上げ時に切り離された第1段は、まず進行方向にエンジンをむけて3基のエンジンを噴射して速度を落とす。空気による姿勢制御が効く高度まで落ちてきたところでフィンを展開して姿勢を制御し、最後は1基のエンジンを噴射して落下速度を落とし、着陸脚を開いてゆっくりと着地する。着地場所は、ロケットを打ち上げる射点近く（戻ってくるのでフライバックという）、ないしは洋上に出した専用の洋上プラットホーム（飛んでいった先に降りるのでフライフォワードという）だ。

戻ってくる場合は使い捨てにする場合と比べて、スラスターや空力フィン、着陸脚などの余分な装備と逆噴射のための推進剤が必要になるので、打ち上げ能力はそれだけ下がる。スペースXは、通常の使い捨ての打ち上げと比較してフライフォワードでは15％、フライバックでは30％打ち上げ能力が低下すると公表した。

この、「実際の打ち上げで切り離された後の第1段を、回収のための技術試験に使う」というやり方は、宇宙開発関係者の意表を突いたものだった。スプートニクからアポロを経てスペースシャトルに至るそれまでの宇宙開発は、成功率を上げるために「一度確立した技術は極力いじらずにそのまま利用する」というやり方をとっていた。だから、実際に打ち上げに使う第1段に、回収実験用の制御装置を追加したり着陸用の脚を装備したりするスペースXのやり方は、第1段を改造することになるので成功率を下げることになり、言語道断ということになる。

しかし別の考え方をすれば、分離後は海に落下して投棄するだけの第1段を、その落下するプロセスそのものを利用して回収実験を行うというのは、大変に合理的だ。なにより も、この時点でスペースXは、ファルコン9を年に何回も打ち上げるようになっていたので、短期間に試験を何回も繰り返して機器の改良を進めることができる。

最初の試験は2014年4月18日に打ち上げたファルコン9の9号機で実施された。分離した第1段は、うまく速度を落として海上に軟着水したが、その後に予定していた洋上に浮かぶ機体の回収には失敗した。同年7月14日のファルコン9・10号機での試験も同様の結果となった。

次の14号機を使った試験は2015年1月10日に実施した。この時は、第1段を大西洋上の落下区域に派遣した洋上プラットホームへの着地を試みたが、姿勢制御用空力フィンを動かす油圧の動作液が途中で枯渇したため、姿勢を制御できなくなり、機体はプラットホーム上に叩(たた)きつけるように落下して爆発してしまった。

続く15号機（２０１５年２月11日打ち上げ）では、回収海域の天候が悪く、プラットホームへの着陸は断念したが、予定した場所に第１段を軟着水させることに成功。余勢を駆って、17号機（２０１５年４月14日打ち上げ）では再度洋上プラットホームへの着地を狙ったが、横方向の速度を殺しきれずに滑るようにプラットホーム上に着地し、倒れて爆発した。

次の試験は19号機（２０１５年６月28日打ち上げ）で行う予定だったが、ここでスペースXをトラブルが襲った。ロケットが打ち上げ途中に第２段の故障で爆発してしまったのである。原因究明と対策のため、同社のファルコン９打ち上げは半年にわたって停止した。

２０１５年12月21日、スペースXは、19号機の爆発事故以降、初の打ち上げとなるファルコン９・20号機を、フロリダ州のケープ・カナヴェラル空軍基地から打ち上げた。この打ち上げで、同社は初の射点近くへのフライバック着陸に挑んだ。

着陸は見事に成功した。衛星打ち上げ用のロケットの第１段が、射点近くまで戻って着陸したのは史上初だ。

２０１６年４月８日には、ファルコン９・23号機で、何度もの失敗で懸案となっていた海上プラットホームへの第１段回収に成功。ここからスペースXは、基本的に第１段を何度も回収して再利用する体制へと移行した。

次々と進むファルコン9の改良と、ファルコン・ヘビーのデビュー

回収で打ち上げ能力が減少するという問題についても、同社はファルコン9そのものをどんどん改良して、基本的な打ち上げ能力を増強するという手段で対処した。これもまた、「成功率を上げるために、一度確立した技術は極力いじらずにそのまま利用する」という従来のロケットの運用に反した、〝掟破り〟の手法だった。

2010年に運用を開始したファルコン9の正式名称は「ファルコン9 v1・0」だった。打ち上げ能力は高度数百kmの地球低軌道という軌道に約9トンだ。これが2013年6月から「v1・1」という新バージョンとなった。前述したように推進剤搭載量が増え、「マーリン」エンジンも改良されて推力が大きくなった。また、必要に応じて逆噴射着陸による回収のための装備が追加できるようになった。打ち上げ能力は、地球低軌道に13・1トンだ。

2015年12月には、さらにバージョンアップした「ファルコン9 フルスラスト」と

いう機体の運用が始まった。回収装備は標準装備となり、打ち上げ能力は大幅に増強されて地球低軌道に22・8トンまで増えた。2017年8月には、次バージョン「ファルコン9 ブロック4」が登場。これはフルスラストの信頼性を向上させるなどの小改良版だった。

2018年5月からは最新版にして最終完成形の「ファルコン9 ブロック5」の運用が始まった。ブロック5では各部の信頼性を向上させると同時に、着陸脚が改良された。打ち上げ能力は地球低軌道に22・8トンで変わらない。

現在運用中のファルコン9は、同じ「ファルコン9」という名称でも、2010年の運用開始当初の「ファルコン9 v1・0」とは全く別物の、能力2倍以上のロケットとなっているのである。これなら、第1段の回収・再利用を行っても、v1・0以上の打ち上げ能力を維持することができる。

加えて、2018年2月からは、ファルコン9派生型ロケットの「ファルコン・ヘビー」の運用を開始した。ファルコン・ヘビーは、第1段と同等の液体ロケットブースターを第1段の横に2基装着した打ち上げ能力向上型だ。ブースター及び第1段は、ファルコン9第1段と同じく、回収・再利用することができる。打ち上げ能力は、地球低軌道に

63・8トンという大きなもの。これはアメリカのロケットとしては、アポロ計画で使用された有人月ロケット「サターンⅤ」（地球低軌道に118トン）に次ぐものである。

ブースターと第1段を回収した場合の打ち上げ能力は公表されていないが、回収による能力低下を多めに見積もって4割落ちたとしても、38・3トンとなる。これだけあれば、アメリカ政府が運用する安全保障向けの20トンを超える大型衛星を余裕を持って打ち上げることもできる。実際、スペースXは、この打ち上げ能力を武器に、それまで米ボーイング社とロッキード・マーチン社の合弁会社であるユナイテッド・ローンチ・アライアンス社（ULA）が独占していた米安全保障関連打ち上げの官需に食い込み、アメリカの安全保障関連衛星の打ち上げも行うようになった。

第1段再利用の真の利点を生かすために

禁じ手だった「次から次への改良」という手段を使って、ロケット第1段の回収・再利用を実現した――イーロン・マスクの〝物理学帝国主義〟は宇宙開発の世界に大きな旋風を巻き起こした。2002年の創業の段階で、スペースXはぽっと出の怪しい宇宙ベンチャーに過ぎなかった。ファルコン1に成功した時点の世間の評価は「よくやったね」というレベルだった。2010年にファルコン9の打ち上げに成功した段階で、世間の目は「よくやった、すごい!」となったが、世界の商業打ち上げ市場の過半をおさえていた欧州アリアンスペース社の反応は、「商業打ち上げ市場はそんなに甘いものではない」というものだったし、米官需をおさえるULAの反応は「お手並み拝見」というレベルだった。しかしそこから5年ほどで、アリアンスペースもULAもやっていない第1段の回収・再利用を成功させ、商業打ち上げ市場の強力なコンペティターとして成長した。

が、まだ、イーロン・マスクの望む「火星移民」という目標には手が届かない。

実際問題として、ロケットの回収再利用は、イーロン・マスクが主張するような打ち上げコストが1/100になるというものではなかった。

確かにファルコン9は低価格の打ち上げ手段として市場を席巻(せっけん)しつつあったが、それはファルコン9がマーリンエンジンをはじめとした機体各部分を、最初から低コストを徹底して意識した設計を採用したからだ。色々な関係者が再利用によるコスト低下を試算したが、再利用による価格低下は、いいところ1~2割というところだった。それでもライバルに対する価格競争力は大きく向上するが、スペースXは第1段再利用が軌道に乗っても打ち上げ価格を下げなかった。再利用をしなくても十分にファルコン9は安かった。価格競争によって市場を荒らすよりも、価格を維持して利益を追求したほうがビジネスとして健全だと判断したのだろう。

第1段回収と再利用には、価格低下とは別のところに利点があった。ロケットの生産設備を増強しなくても、打ち上げ回数を増やすことができるのだ。ただし、この利点を生かすためには、打ち上げの需要が今まで以上に増加する必要がある。需要が増えなければ、いくら打ち上げ回数を増やすことが可能でも、実際の打ち上げ回数は増えない。

スペースXは、ファルコン9第1段の再利用化に取り組んでいた2013年頃に、このことに気が付いたようである。2014年から、自ら打ち上げ需要を大幅に増加させるビジネスを立ち上げ、猛然と推進し始めたのである。自社のロケットのために、自社で巨大な打ち上げ需要を作る——文字通りの「ブーツストラップ」（靴紐(くつひも)を自分で引っ張り上げることで自分が浮くという形容）だ。

数千機、将来的には数万機の通信衛星を打ち上げ、地球上のどの場所でも、ブロードバンドのネット接続を可能にする通信衛星コンステレーション——「スターリンク」である。

これは危ない賭けだった。通信衛星コンステレーションは、1980年代後半から多数の計画が立てられ、うちいくつかは実現したものの、ビジネス的にはうまくいっていないというものだったからだ。数千もの衛星を軌道上に配備して運用するには莫大なコストがかかる。コストに見合う収益が得られなければ、いくらロケット打ち上げの需要が増えたとしても、スペースXの経営は破綻することになるのは自明だった。

死屍累々だった通信衛星コンステレーション

コンステレーション(constellation)は、「星座」という意味だ。通信衛星コンステレーションは、星座の星々のように多数の衛星を打ち上げて地球を回る軌道に配備し、遠隔地の通信を行う仕組みである。地上と衛星が通信し、コンステレーションの各衛星で順々に中継されて目的地でまた地上に送信されるというやり方で、地上の2点間を結ぶ。

衛星通信は1960年代以降、赤道上空3万6000㎞の静止軌道を使う、静止通信衛星が主流だった。静止軌道は地球を24時間で1周する軌道だ。地球の自転と同期するので、静止軌道に入った衛星は、地上からは空の1点に静止したように見える。静止通信衛星を利用する場合、地上の通信局はアンテナを空の一点に向けるだけで通信が維持できるという利点がある。

その一方で、静止衛星を使った衛星通信には、①地上３万６０００㎞と地上から遠い軌道なので、携帯電話のような小さくて電波出力の小さい地上局で通信することは難しい。また衛星側も相応に大きな電波出力の通信機器を搭載する必要がある、②電波が往復で7万㎞以上飛ぶので通信に時間遅れが発生する、③高緯度地方では衛星の見える位置が地平線に近くなり通信の維持が困難になる、緯度81度以上の北極・南極地域では衛星が地平線の下に隠れるので使用できない――といった欠点もある。

通信衛星コンステレーションは、高度５００～１５００㎞程度の軌道を使用するので、これらの欠点がない。また、衛星の一部を両極上空を通る軌道に入れれば北極・南極地域でも通信できる。実現に当たっての困難は主に、多数の衛星を打ち上げて運用するというところにある。それだけシステム構築の初期投資が莫大になるのだ。

世界で初めて運用に入った通信衛星コンステレーションは、米モトローラ社が構築した66機の衛星で構成される衛星電話システム「イリジウム」だった。

イリジウムは、地上の携帯電話で大成功したモトローラ社が「携帯電話の次の一手」として「世界中どこでも、山頂でも海洋や沙漠の真ん中でも使える携帯電話サービス」として立ち上げた計画だ。モトローラはそのために事業会社イリジウム社を設立して1998年11月からサービスを開始した。

ところが事業は低迷し、事業開始から1年も経たないうちに米連邦破産法11条（チャプター11）に基づく破産を申請することになってしまった。1990年代に、イリジウムの他にも米オービタル・サイエンシズ社（OSC）の「オーブコム」や、米グローバルスター社の「グローバルスター」といった通信衛星コンステレーションが立ち上がったが、オーブコムも2000年に、そしてグローバルスターもまた2002年にチャプター11による倒産を経験している。

山頂でも大洋のただ中でも、南極でも北極でも、世界中のどこでも携帯端末からの通信が可能になる――にもかかわらずイリジウムが失敗した理由は、技術とマーケティングの両方にあった。

まず、静止衛星ならば衛星1機で提供できるサービスが、衛星コンステレーションでは多数の衛星が必要で、宇宙インフラへの初期投資が非常に大きくなる。また、イリジウム構想が立ち上がった１９８０年代後半から、地上では大容量の光ファイバー網が急速に普及していった。電波を使う衛星は、どうしてもレーザー光を使う光ファイバー網に通信容量でかなわない。このため、衛星コンステレーションは、大きな初期投資が必要なのに、提供できる通信容量が小さいということになってしまう。

その一方で、蓋を開けてみると「世界のどこでも携帯端末による通信が可能」というニーズが非常に小さかった。これは考えてみれば当たり前で、世界人口のかなりの部分は人口密度が高い中緯度地域、それも都市部に居住している。そういうところには当然光ファイバーによる通信網が導入されて通信需要を満たすことになる。どうしても通信衛星コンステレーションでなければ通信ができない場所となると、僻遠(へきえん)の地であり、そういうところは人口密度が低いので、そもそも通信需要が小さい。

さらにイリジウムの場合、データ通信を軽視したという失敗もあった。イリジウムのデータ通信速度は２４００ｂｐｓ（ビット／秒）。構想が立ち上がった１９８０年代後半の時点では、地上回線も１２００〜２４００ｂｐｓのモデムを使ったデータ通信が普通だったので決して遅くはなかったが、その後インターネットの一般化に伴い、地上回線のデータ通信速度は急速に向上し、イリジウムがサービスを開始した１９９８年には２４００ｂ ｐｓでは決定的に時代遅れとなってしまっていたのである。

その後イリジウムのシステムは、サウジアラビアのオイルマネーや米ベンチャーマネーなどを集めて新たに設立されたイリジウム・サテライト社が引き継ぎ、現在は主に各国の軍や政府といった官需を中心としたサービスを継続している。66機もの衛星システムを構築した結果の負債をすべてモトローラが引き受けて清算した後で、「必要ならばたとえ高価でも買う」官需をターゲットにして、やっとビジネスとして成立したわけだ。

グローバルスターもオーブコムも同様の問題を抱え、市場で苦戦してきた。グローバルスター端末のデータ通信速度は９６００ｂｐｓ。一方オーブコム端末は貨物の位置情報通報など、低ビットレートのデータ通信に特化した仕様で最大４８００ｂｐｓである（その分オーブコムは衛星が小型で、初期投資額を小さく抑えている）。

その一方で１９９０年代は、それまで学術機関などが専有していたインターネットが一般に開放され、ネットを使ったビジネスが可能になった時期でもあった。その中で、衛星コンステレーションを使って、大容量のネット接続を全世界レベルで実現する構想も出てくるようになった。

その中でももっとも注目すべきは、マイクロソフト社創業者のビル・ゲイツと米移動体通信ベンチャーのマッコウ・セルラー・コミュニケーションズ創業者のクレイグ・マッコウが立ち上げた「テレデシック」という構想だった。

テレデシックは８８０機もの衛星を使ったコンステレーションだった。イリジウムなどよりも高い周波数の電波を使って通信速度を高め、全世界にブロードバンド接続を提供する計画だった。

テレデシックはその後、システム構築に向けて周波数の使用許可を取得したり衛星数を２８８機まで減らしたりして、初期投資を削減するなどの努力を重ねたが、21世紀初頭のネットバブル破裂による投資意欲減退にぶつかり、２００２年に計画を断念した。

グレッグ・ワイラーのワンウェブ

21世紀初頭の段階ではすっかりしぼんでいた通信衛星コンステレーションへの期待を、もう一度見直して立ち上げたのは、グレッグ・ワイラーというイギリスの起業家だった。

ワイラーは技術分野でのシリアル・アントレプレナーだ。最初に起業したコンピュータ部品メーカーを１９９９年にバイアウトし、次の事業として選んだのが発展途上国におけるネット接続だった。そのために彼は、アフリカ・ルワンダにネット・プロバイダーのテラコムを設立した。しかしここでワイラーは実際に光ファイバー網を敷設した経験から、道路や電力のような基礎的な社会インフラも不充分な発展途上国において通信インフラを地上に構築することがいかに難しく、コストがかかるかを知ることとなった。

こうしてワイラーの目は宇宙からのネット接続に向くことになる。衛星からの電波でネット接続が実現するならば、地上側インフラは送受信装置を用意するだけでよい。彼はテラコムを売却し、２００７年に通信衛星コンステレーションによりネット接続を実現するための会社Ｏ３ｂネットワークスを、チャネル諸島ジャージー島に設立した（英仏海峡に位置するチャネル諸島は、英王室属領。外交・防衛は英国が権利を持つが、行政は英国から独立している。タックスヘイブンが主要産業となっている）。

Ｏ３ｂという社名には、ワイラーの目的が端的に表れている。Ｏ３ｂとはOther 3 billionのこと。つまり、世界人口70億人のうち、いまだネット接続を享受していない、主に発展途上国の30億人を意味する。確かに、通信衛星コンステレーションには、巨大な初期投資が必要だ。しかし全世界をカバーするという特徴を生かして、ネットに触れたことがない30億人にアクセスできるならば、それはビジネスになり得ると考えたわけである。

モトローラはイリジウムで、「地球上のどこでも通信したい先進国のユーザー」を狙って失敗したが、ワイラーは、「発展途上国のネットにアクセスできない30億人にネット接続を提供する」と、通信衛星コンステレーションに新しい市場を見出したわけである。

Ｏ３ｂは通信衛星コンステレーションといっても赤道上空高度８０００㎞の軌道に衛星12機を打ち上げ、熱帯から亜熱帯の各国の政府や通信会社、プロバイダーと契約し衛星経由のネット回線を卸（おろ）す事業だった。

２０１３年、Ｏ３ｂはグーグルから10億ドルの出資を受け、グーグル傘下（さんか）に入った。２０１３年と14年に合計12機の衛星を打ち上げてサービスを開始。ところが同時期、ワイラーはＯ３ｂを離れて、新たにワンウェブという通信衛星コンステレーションの会社を立ち上げた。

ワンウェブは、重量１５０㎏の衛星６４８機からなる通信衛星コンステレーション構想を打ち出した。地上には太陽電池を電源とする小さな基地局を多数配置し、エンドユーザーとはその基地局経由の地上の通信網――例えば携帯電話のデータ回線――でつながる。このシステムなら、ワンウェブはＯ３ｂと同様に各国のプロバイダーに回線を販売できるのに加えて、自らがプロバイダーとなってエンドユーザーに直接ネットへのアクセスを販売することも可能になる。

低い軌道ならば、地上で受ける衛星からの電波はより強くなる。同じ電波強度でいいならば、衛星を小型化できる。電波が強くできれば、それだけデータ通信の速度も向上させることができる。また、小さくなった衛星は、1機あたりの価格が安くなるので、同じ投資額でより多数を調達し、打ち上げることが可能だ。衛星の数が増えれば、量産効果が効いてくるので衛星調達コストも低下する。もちろん通信の遅延は、軌道が低くなるほど小さくなる。

ワンウェブ立ち上げの時期、ワイラーはイーロン・マスクにアクセスして、協力の可能性を探っていた。この協議はうまくいかなかったが、どうやらイーロン・マスクは、このワイラーとの接触の中から、通信衛星コンステレーションが、スペースXのロケット事業を発展させる鍵となることに気が付いたようだ。

その後、ワンウェブは欧州の巨大航空宇宙企業エアバスの支援を受けて、2019年から衛星の打ち上げを開始する。が、2020年に破産。その結果、英国政府、インドの多国籍企業グループのバーティ・エンタープライズ、欧州の衛星通信会社ユーテルサットなどのコンソーシアムの管理下に入った。2023年にはユーテルサットと合併。2024

年現在、ワンウェブはユーテルサットの一部門としてビジネスを進めている。

60機のスターリンク衛星をまとめて打ち上げる

ワイラーとの協議でイーロン・マスクがなにを考えたのか――はっきり分かっているのは、ワイターとの協議が決裂した２０１４年後半から、スペースXは大変な速度で「全世界どこでもネット接続を可能にする通信衛星コンステレーション」である「スターリンク」の計画を進めていったということだけだ。

同社はスターリンクの構想を、２０１５年１月に公表した。初期段階で４４２５機の衛星で構成される通信衛星コンステレーションだ。イリジウムが66機、構想に終わったテレデシックが８８０機、実際にシステム構築に向けて動き出していたワンウェブが６４８機であるのに対して、文字通りの〝桁違い〟の巨大システムだ。これらは高度５００km前後の地球低軌道に打ち上げられる。地上局は、ワンウェブのように地上のデータ通信網を介さず、エンドユーザーが設置する専用の通信端末となる。衛星と専用通信端末が直接通信を行い、ネット接続を提供するわけだ。そのために、スペースXは低価格の専用通信端末も開発した。つまり、ユーザーは専用通信端末を購入するだけで、世界中のどこにいてもブロードバンドのネット接続サービスを受けることができる。

スペースXは２０１６年11月に、米連邦通信委員会（ＦＣＣ）にシステムの電波帯域利用申請を提出。２０１８年２月には最初の試験衛星２機を打ち上げて、実際の運用試験を開始した。直後の２０１８年３月にＦＣＣは、認可後６年以内に半数以上の衛星を打ち上げ、かつ９年以内に全衛星を打ち上げること、また寿命が尽きた衛星を宇宙ゴミとして放置するのではなく確実に地球に落下させて処分することなどの条件を付け、スペースＸの申請を許可した。

２０１９年５月から、実際の衛星の打ち上げが始まった。驚いたことに、スターリンク衛星はファルコン９ロケットに、一度に60機が搭載されて打ち上げるという形式をとった。軌道上で稼働する衛星数が５００機を超えた２０２１年１月から一般ユーザーを対象としたベータ・テストが始まり、専用通信端末が配布されるようになった。稼働衛星数はどんどん増えて２０２１年５月には１０００機を、２０２２年４月には２０００機を突破。打ち上げた衛星の総数は２０２４年３月で６０００機を突破した。

スターリンクを一躍有名にしたのは、２０２２年２月に始まったロシアとウクライナの戦争だった。ウクライナのフョードロフ副首相兼デジタル転換相は2月26日、SNSのTwitter（現X）を使ってイーロン・マスクに、同社が構築中の衛星インターネットシステム「スターリンク」のサービス開始を要請。彼は即日OKを出し、ウクライナ全土でのサービスを開放した。

スターリンクの利用には、衛星と通信するための専用の地上端末を必要とするが、マスクは端末の提供も約束。28日には第一陣の端末セットがウクライナに到着した。スターリンクによる通信の確保は、ロシア・ウクライナ戦争の初期段階において、ウクライナが粘ってロシアの侵攻を食い止めるにあたって重要な役割を果たした。

2024年6月現在もシステムの拡充は続いている。日本では2022年10月からスターリンクによるネット接続が可能になった。2024年4月に公表されたデータでは、世界中で270万ユーザーがスターリンクの専用端末を使ったネット接続を使用している。

現状を見るに、これまで死屍累々だった通信衛星コンステレーションの分野でも、スペースXは成功を収めつつあるようだ。

よく練り上げられたスターリンクのビジネスモデル

同社のビジネス展開を見ていくと、スターリンクの成功は決してまぐれではなく、かなりよく練られた戦略に従っていることが分かってくる。

まず、同社が低価格を売りにする衛星打ち上げロケット「ファルコン9」を運用していること。これまで通信衛星コンステレーションにおいてビジネスの足を引っ張っていたのは、莫大となる初期投資だった。だが、スペースXは自社の低価格ロケットを、原価で打ち上げに使うことができるので初期投資を削減できる。

初期投資を効率化できれば、同じ投資で打ち上げられる衛星機数も増やすことができる。地上の光ファイバー網に対する衛星通信の弱点は、データ通信の容量が小さいということだ。そもそも通信速度が光ファイバーより遅く、また同時接続ユーザー数が増えると、各ユーザーの通信速度が低下する。この問題を解決するには、まずなによりも衛星数を増やす必要がある。もともと通信衛星コンステレーションは、静止衛星よりもずっと高度が低い軌道を使用する。それだけ地上局との距離が近いので強い電界強度で通信できる分、通信容量は大きくなる。衛星の軌道高度が低い利点を生かし、地上の光ファイバー網に対抗するには、衛星の数を増やすことが効果的だ。

また、ロケットが手の内にあるので、衛星を完全にロケットに合わせて打ち上げしやすいように設計することができる。２０１９年から打ち上げが始まったスターリンクの第1世代衛星は畳のような平たい形状をしており、これを30機積みかさねた束を2つ横に並べて、合計60機をファルコン9の衛星フェアリングに搭載する。限られた衛星フェアリングの容積を最大限に利用して、1回の打ち上げ機数を増やしているわけだ。ちなみにワンウェブの衛星は、専用の衛星搭載アダプターを介して36機を同時に打ち上げる。衛星アダプターは打ち上げにあたって余分な重量であり、同時にフェアリング内容積をも圧迫する。スターリンク衛星は、最初から「積み上げて搭載する」形状に設計することで、1回の打ち上げでより多数の衛星を軌道上に配備できるようにしているわけだ。

これらは、ロケットを軸とした垂直統合のビジネスモデルがもたらす利点だ。スターリンクの成功の根底には、宇宙分野では水平分業ではなく垂直統合によるビジネスモデルが効果的と見抜いた結果と言えるだろう。

その衛星も、数千機もの衛星を一度に地上から管制するのは現実的ではないので、徹底した自動化・自律化を図っているようである。スターリンク衛星の詳細は公表されていないのだが、FCCをはじめとしたアメリカの政府機関に提出された資料を見ていくと、衛星は地上からのコマンドを受けなくとも自律的に一定の軌道を維持する機能を持たされている。それどころか、他の宇宙ゴミと軌道が交差する場合には、衛星が自ら軌道を変更して衝突を回避することができる。そのために、衛星にはホールスラスターという電気推進システムが装備されている。ホールスラスターは衛星の寿命が尽きた時に、軌道を離脱して地球に落とすためにも使用される。

ワイラーは、通信衛星コンステレーションのユーザーとして「ネットにつながっていない発展途上国の30億人」を想定したが、イーロン・マスクとスペースXは対照的に、「アメリカ国内でネットの通信速度が遅い地域に住む人」を初期ユーザーに想定した。

日本は21世紀に入ってから急速に光ファイバー網が拡充されて、地方都市でも家庭で光ファイバーによる数Gビット／秒の高速のネット接続が使えるようになった。しかし広大なアメリカでは、中西部を中心に地上の通信インフラの更新が進んでない地域が存在する。そんな地域では既存の電話線を使った数百kビット／秒から数Mビット／秒のネット接続がせいぜいだ。そういった地域でも、発展途上国よりも所得は高く、ネットに対する要求レベルもまた高い。だから、スターリンクを提供する数百Mビット／秒の通信にお金を出すだろう、というわけだ。そういったアメリカ国内のサービスで投資を回収しつつ、世界全体にサービスを拡げていこうとしたわけである。

実際には、ウクライナでのケースで見るように、そもそも高速ネット接続が届いていない地域での接続を確保することの意義が大きくクローズアップされて、世界中でスターリンクのユーザーが増えた。しかし、アメリカの企業であるスペースXにとって、まずアメリカ国内のユーザーを狙った市場開拓のほうが、「発展途上国の30億人」を相手にするよりも手堅いのは言うまでもない。このような手堅さも発揮しているという点は、スペースXの事業展開の見逃せない特徴である。

世界中どこからでもスマホでスターリンク通信が可能に

ファルコン9開発にあたって、それまでの宇宙開発では禁じ手とされた「運用の途中で次々に改良していく」という手を繰り出し、しかも成功させて世界を驚かせたスペースXだが、スターリンクでも同様の「運用しながら改良する」という方針で技術開発を行っている。２０１９年5月に打ち上げられた最初のスターリンク衛星は「ｖ０・９」という名称で、より周波数が高く大容量の通信が可能なＫａ帯電波を使った通信機能など、一部の機能が未搭載だった。２０１９年11月からは打ち上げる衛星が「ｖ１・０」となり、Ｋａ帯での通信機能が搭載された。２０２１年1月からはさらに衛星が「ｖ１・５」にバージョンアップし、レーザー光を使う高速の衛星間データ通信機能が搭載された。

その後、同社は後述する新型打ち上げ機「スターシップ」での打ち上げを前提とした、より大型の「ｖ２・０」衛星へ進もうとしたが、スターシップの開発が遅延したために、一部ｖ２・０の機能を搭載しつつファルコン９で打ち上げが可能な「ｖ２ミニ」という衛星を開発し、２０２３年3月から打ち上げを開始した。ｖ２ミニ衛星は、ｖ１・５衛星よりも重いので、ファルコン９で22機を同時に打ち上げる。

ｖ２ミニでは、従来より4倍の高速大容量の通信が可能になる、Ｋａ帯よりも周波数の高いＷ帯という電波を使った通信機能が搭載された。また、ｖ２ミニ衛星の一部には、地上の携帯電話端末と直接通信を行う試験装置が搭載されている。今後スターリンクでは、専用通信端末を使わずに、エンドユーザーが保有するスマートフォンと衛星とで直接通信を行うサービスを提供する予定だ。サービスは、まずショート・メッセージから始まり、

２０２５年以降には本番のｖ２・０衛星と地上のスマートフォンとの間をブロードバンド接続でつなぐサービスを提供するとしている。これが実現すれば、手持ちのスマホが、世界中のどこにいてもスターリンク経由でネットにブロードバンド接続できるようになる。

これら民生用のスターリンクに加えて、スペースXは、２０２２年から米国防総省との契約で、軍専用のスターリンク衛星「スターシールド」の打ち上げを開始した。２０２４年現在は、試験衛星が打ち上げられて運用テストを行っている。詳細は非公開だが、従来の米軍事衛星通信システムとシームレスに接続できるシステムで、有事にすぐに打ち上げられる即応性と、通信妨害への耐性を強化していると、スペースXは説明している。

火星植民の野望を担うスターシップ

ファルコン9とスターリンクで、21世紀に入ってから創業した宇宙ベンチャーとしては最高の成功を収めつつあるスペースXだが、イーロン・マスクが望むのは単なる経済的成功ではない。彼にはもうひとつ、電気自動車とエネルギー社会インフラを担う「テスラ」という企業のＣＥＯとしての顔も持っている。経済的成功で見るならば、そちらのほうが大きい。

宇宙事業はマスクにとって、あくまで火星植民という目的のためのものであって、ファルコン9もスターリンクもその最終目標に向けた1プロセスでしかない。

スペースXは、ファルコン9を開発していた2000年代後半から、度々火星植民に向けた超大型ロケットの構想を発表していた。初期にはファルコン9の次に、マーリンエンジン9基分に相当する大推力エンジンを開発してファルコン9の第1段に使用し、次いでその超大型エンジンを9基束ねて第1段に使用する、一挙にファルコン9の10倍の規模を持つ超大型ロケットを開発するという構想を公表していた。2012年にはマーリン後継の大型エンジンを開発していることと、エンジン名称が「ラプター」であることを明らかにしたが、詳細は公表されなかった。その一方でマスクは「マーズ・コロニアル・トランスポーター」という輸送システムの名前をSNSでリークしたりもした。

火星植民に向けた構想が初めて公式に発表されたのは2016年9月にメキシコ第2の都市グアダラハラで開催された、第67回国際宇宙会議（IAC）だった。ここでイーロン・マスクは、「インタープラネタリー・トランスポート・システム（ITS）」という巨大打ち上げシステム及び有人宇宙船の構想をプレゼンテーションした。ITSは、直径12

ｍ、全高１２２ｍもの２段式の巨大打ち上げシステムで、第２段がそのまま有人宇宙船になっている。全体は炭素繊維強化複合材料（ＣＦＲＰ）で作られており、第１段はラプターエンジンを42基、第2段は9基を使用する。第1段、第2段とも再利用が可能で、第2段は地球周回軌道からの再突入能力を持つ。

打ち上げ能力は地球低軌道に３８０トン。これはアポロ計画に使用された「サターンＶ」ロケットの約3倍に相当する。同時に、ラプターがメタンと液体酸素を推進剤として使用すること、また火星に存在する二酸化炭素を使って、現地でメタンをロケットの推進剤として製造するという火星植民に向けた基本戦略も明らかにした。

その一方で、マスクは開発に必要な巨額の資金の調達方法は未定であるとした。

翌２０１７年にオーストラリアのアデレードで開催された第68回ＩＡＣでは、ＩＴＳを小型化してやや実現性を高めた「ＢＦＲ」という構想が発表された。ＢＦＲは直径９ｍ、全高１０６ｍとやや小さくなり、低軌道打ち上げ能力１５０トンになった。その一方で、ＢＦＲによる弾道飛行で地球上の任意の2点間を最長2時間で結ぶ構想も披露された。

弾道飛行による有人2点間飛行を検討しているということは、スペースＸはＢＦＲを単なるアドバルーンではなく、現実の開発アイテムとして地上の経済とリンクした形で開発する意志を持っているということを意味した。

２０１８年3月、スペースXは新しい超大型ロケットの製造と試験を、メキシコに近いテキサス州ボカ・チカの海岸で行うことを明らかにした。また超大型ロケットの名称はBFRから「スターシップ」と変更された。全体及び有人宇宙船にもなる第2段がスターシップ、第1段は「スーパーヘビー」という名称である。第1段は33基、第2段は6基のラプターエンジンを装着する。

それ以上に世界を驚かせたのは、機体構造がCFRPではなくステンレス製に変更されたことだった。ステンレスはCFRPよりもずっと重い。だから通常は、ロケットの構造材には使わない。

しかし、スターシップは既存のロケットよりもはるかに巨大だ。構造物の体積は寸法の三乗に比例し、表面積は二乗に比例する。このため巨大なスターシップは、構造材をステンレスに変更しても、小さなロケットに比べて相対的に重量増が少なくて済むのである。

また、同じ寸法ならステンレスという素材の強度——具体的には剛性の指標となるヤング率という数値——は、アルミ合金よりは大きい。つまり機体表面のパネルの厚みを減らして重量増加を抑制することもできる。

ＣＦＲＰからステンレス製への変更で、スターシップの打ち上げ能力はＢＦＲの１５０トンから１００トンに低下した。その一方でステンレスはＣＦＲＰよりも価格がはるかに安く、機体の製造コストを大幅に引き下げることができる。

さらにステンレスは地上の化学プラントの建設に使われている。このため、ステンレスの溶接ができる現役の熟練工が多数、プラント建設に従事している。彼らを機体組立のために雇用すれば、多数の機体を短期間で建造することが可能になる。

ステンレスの採用は、大変合理的な決断だった。

立て続けの失敗と成功

ファルコン９の回収・再利用を、まず実験機グラスホッパーから開始したのと同じく、スペースＸはスターシップの開発を、まず垂直離着陸の実験を行う試験機「スターホッパー」の開発と試験から始めた。スターホッパーは円筒形のガスタンクに着陸脚が付き、底面にラプターエンジンを１基装備しただけの奇妙な形をしていた。

ここでまた同社は世界を驚愕（きょうがく）させた。スターホッパーは吹きさらしの屋外で組み立てられたのだ。これまで、宇宙用の機器はロケットであれ衛星であれ、機体に塵などが入り込んでトラブルの原因とならないように、空気の清浄度を管理した工場の建屋内で組み立てるのが当たり前だった。が、考えてみればこれもまた合理的なことだった。スターホッパーはせいぜい高度数百mまで上がって降りてくるだけだ。宇宙空間に行くわけではないのだから、推進剤配管やタンクの内側に塵が入り込まないようにすれば、外側の塵は気にする必要がない。それは地上の化学プラントと同じであって、化学プラントと同様に屋外で組み立てても問題はないのだ。

スターホッパーは、2019年8月に、高度150mまで上昇しての着陸試験に成功した。

次に第2段の試験機「スターシップMk1」が製造された。第2段スターシップは、水平の姿勢で大気圏に突入し、最後は横倒しの状態で自由落下してくる。落下時の姿勢は、機体前後4ヵ所に装備した「フラップ」と呼ばれる可動翼で制御する。着陸寸前に2段スターシップは、ロケットエンジンを点火して機体を引き起こし、垂直の姿勢になってエンジンの逆噴射で着陸する。スターシップMk1は、高度10km以上に上がり、姿勢変更と着陸の試験を行う予定だった。

スターシップMk1が姿を現すと、また世界は驚いた。機体は、ベコベコのでこぼこだらけだったのである。これも同社の見せる合理性の一例だった。宇宙に行かない試験機なら、機体表面の精度に気をつかって高精度に仕上げるよりも、手早く安く作ったほうがよいという判断だ。

ところがスターシップMk1は、2019年11月にタンクの加圧試験中に破裂して喪失した。が、ある程度の失敗は織り込み済みだった。この時点ですでに次の試験機の製造が進んでおり、しかもそれらは新たに得られた知見に基づき様々な設計変更が加えられ、少しずつ形状が異なっていた。

ここから、第2段スターシップは、SN（シリアル・ナンバー）という番号で呼ばれるようになった。Mk1の次のSN1からSN3までは、タンク加圧試験中に破裂して失われた。SN4はタンク加圧試験に合格したが、ラプターエンジンを取り付けての燃焼試験中に爆発した。2020年8月、ノーズコーンと可動翼を持たない、タンク形状のスターシップSN5が、150mまで上昇しての着陸試験に成功した。その後SN6も同様の飛行試験に成功。SN7はタンクの試験に使われた。「失敗は計画の中に織り込んでおいて、短い間隔で試験を繰り返し、高速で技術開発を進める」という同社の方針は、スターシップ開発でも徹底していた。

２０２０年12月、３基のラプターエンジンを装備したＳＮ８が、初めて高度12・５㎞まで上昇し、ついで水平姿勢で落下してエンジンを再点火、機体を引き起こしての着陸試験を実施した。試験は最終段階までうまくいったが、機体引き起こしの姿勢制御がうまくいかず、墜落・炎上した。２０２１年２月にはＳＮ９を使って同様の試験を実施したが、今度は着陸時に２基を点火する予定のラプターエンジンが、１基点火せず、また墜落・炎上した。同年３月４日のＳＮ10の試験で、第２段スターシップ試験機としては初めて高度12・５㎞からの落下と姿勢制御・着陸に成功したが、漏れた推進剤に火がついて着陸後に機体は爆発した。続く３月30日のＳＮ11による試験は、空中で爆発して失敗。ＳＮ12〜14は製造キャンセルとなり、ここまでの試験に基づく改良版のＳＮ15が、２０２１年５月６日に飛行試験を実施して、初めて完全な着陸に成功した。

急速にスターシップの着陸試験が進んでいた２０２１年４月、ＮＡＳＡは国際協力の有人月探査計画「アルテミス」で使用する月着陸船として、第２段スターシップを月面向けに改造した「スターシップＨＬＳ」を選定した。スペースＸは、ファルコン９で摑んだ勝ちパターン――国からの大規模な補助金を使って野心的な打ち上げ機を開発する――を、スターシップでも再現することに成功したのである。

3回目の打ち上げで、試験機が地球周回軌道に到達

着陸試験に成功したスペースXは、続けて第1段「スーパーヘビー」と組み合わせた実機打ち上げ試験に進んだ。ここからは、第1段スーパーヘビーは、「ブースター」、第2段スターシップは「シップ」と呼ばれるようになった。

2023年4月20日の初号機試験は、スーパーヘビーは回収せずにメキシコ湾に落とし、地球周回軌道に入った第2段スターシップは、太平洋上空で大気圏に再突入してハワイ沖に着水、水没して投棄する予定だった。打ち上げにあたって、エンジンは、改良されてより強力になった「ラプター2」が使用された。打ち上げ時に33基もの強力なラプター2エンジンの噴射によって射点設備が激しく損傷。打ち上げ後約2分から姿勢を崩し、機体は縦に回転し始めた。第2段の分離は不可能になり、打ち上げ後4分で機体は地上からの指令で破壊された。

打ち上げ終了後、イーロン・マスクはSNSのTwitter（現X）で"Learned a lot

for next test launch in a few months.”（数ヶ月後の次の打ち上げに向けて多くを学んだ）というコメントを発表した。

2回目の試験は、初号機の失敗から7ヶ月後の2023年11月18日に実施された。2号機打ち上げ試験でも、初号機同様、1段は分離後に機体の姿勢と速度を制御しつつ落下して、カリブ海に逆噴射を使って軟着水、2段は地球をほぼ一周して大気圏に突入し、着陸動作を模擬しつつハワイ沖合の海上に同じく軟着水する予定だった。射点設備には強力な散水設備が新たに装備された。打ち上げ数秒前から大量の水をスーパーヘビーの直下に散水してラプターの噴射を受け止め、射点の損傷を防ぐというものだ。

ここでも「必要に応じてどんどん改良を加える」というスペースXの技術開発の基本方針が発揮され、2号機では、新たに第1段分離直前から第2段エンジンに着火する「ファイヤ・イン・ザ・ホール（FITH）」という動作シーケンスを採用した。

ロケットは上昇する間ずっと重力に引かれている。このため一気に加速して上昇時間を短くしたほうが重力によるエネルギー損失が少なくて済み、打ち上げ能力が向上する。通常ロケットの段間分離は、エンジンを止めた状態で分離し、安全が確保できるまで十分に離れてから上段のロケットエンジンを着火する。この方法では、数秒から数十秒、無動力で重力に引かれて落下する状態になるのでその分打ち上げ能力が落ちる。ＦＩＴＨは無動力の時間をゼロにすることで打ち上げ能力を向上させる手法だ。

２号機ではスーパーヘビーは第２段の分離まで完全に動作した。新たにＦＩＴＨを採用した第２段分離も成功。しかしスーパーヘビーは、分離後、姿勢制御を行って逆噴射しつつメキシコ湾に着水する予定が途中で爆発して喪失。第２段は途中まで完璧に動作したが、途中でエンジン燃焼が不調に陥り、飛行継続は不可能と判断した搭載コンピューターが自律的に機体を破壊した。

Ｘ（旧Ｔｗｉｔｔｅｒ）のスペースX社アカウントは、「全スペースXのチームに、スターシップのエキサイティングな2回目の飛行試験、おめでとう。スターシップは、スーパーヘビー・ブースターの33基のラプターエンジンの力で離陸し、第２段分離を通過した」というポストを書き込み、技術的に大きな前進であったという認識を示した。

スペースXのやることはとにかくテンポが速い。第3回の試験は、２回目から４ヶ月後の２０２４年3月14日に実施された。

今回は完全に打ち上げを成功させ、第2段は地球周回軌道に乗った。第2段は軌道上で、ペイロードドアの開閉試験及び、推進剤のタンク間移送試験を実施。飛行中の第2段との通信は、NASAのデータ中継衛星システム（TDRSS）と、スターリンクとの2系統で行った。ここで注目すべきはスターリンクによる通信で、地球をほぼ一周する間、船内外の鮮明な動画像を、途切れることなく中継し続けた。第2段は大気圏再突入時の姿勢制御に失敗、そのまま大気圏に突っ込んで破壊した。

さらに、3ヶ月と空(あ)けずに2024年6月6日には、第4回打ち上げ試験を実施。スーパーヘビーはメキシコ湾へ逆噴射で減速しての軟着水に成功。第2段もまた姿勢を崩すことなく大気圏に再突入した。空力加熱で姿勢制御用の「フラップ」と呼ばれる小翼が破損したものの、最後まで姿勢を維持し、エンジンも点火して逆噴射に成功。オーストラリア大陸北西のインド洋に軟着水した。初号機の爆発から1年1ヶ月、長足の進歩と言うほかない。

2018年の開発開始から6年で、スペースXは一私企業ながら、「サターンV」を超える巨大ロケットを、とにもかくにも打ち上げることに成功したのである。

火星植民に向けて、スペースXは止まらない

２０１０年のファルコン9初号機打ち上げ成功に始まるこの15年間、世界の宇宙開発は、２００2年に起業した宇宙ベンチャーのスペースXに、いいように振りまわされてきたといっていいだろう。スペースXは、アポロ計画で確立したそれまでの宇宙開発の常識を、すべてひっくり返してしまった。アポロ以降、ロケットは綿密な計画管理のもと、リスク要因を極力排除し、一歩一歩確実に開発するものだった。ロケットの仕様は最初に詳細に決定し、開発途中では極力変更しない。

ところがスペースXは、リスクは織り込んだ上で、簡素な実験機から開発を始め、失敗しても短期間で改良してまた試験を行い、結果を受けてまた改良し、必要に応じてロケットの仕様や将来のロードマップも変更してしまうというやり方で、第1段を回収再利用するファルコン9を管制させ、超巨大打ち上げ機スターシップをものにしつつある。

アメリカでは、アポロ計画で官需を満たすための航空宇宙産業が確立した。アポロ以降のスペースシャトルでは、その航空宇宙産業を維持するための国の宇宙計画という逆転が起きた。野心的な国の宇宙計画を実現するための航空宇宙産業ではなく、国力の一環とし

ての航空宇宙産業を維持するために、十分な予算規模の宇宙計画という段取りになってしまったのだ。結果、スペースシャトルの開発が始まった１９７０年代から運航を開始し、定常運航を実施し、国際宇宙ステーション計画を進めた１９９０年代にかけて、アメリカの宇宙開発は停滞した。前に進むよりも、産業の維持が優先されたからだ。アポロ計画ではケネディ大統領の歴史的演説から８年で宇宙飛行士を月面に送り込んだが、国際宇宙ステーション（ＩＳＳ）は、ロンドンサミットで提唱された１９８４年から実際に完成した２０１１年まで、27年かかってしまった。

２００４年のブッシュ大統領によるシャトル引退とＩＳＳ完成、有人月計画への移行という新宇宙政策も「産業を維持する官需を、ＩＳＳから有人月計画に入れ替える」という意味しかなかった。

が、２００２年に立ち上がったスペースＸはそれをひっくり返してしまった。今や、国際協力有人月探査計画「アルテミス」も、スペースＸが開発する月着陸船「スターシップＨＬＳ」に依存する、という状況になっている。

なぜそうなったのか——スペースＸを駆動する理念が、イーロン・マスクという一個人の「人類文明のバックアップを火星に作る、そのために火星に植民する」という構想だからだ。それは狂気にも見えるが、スペースＸの合理性はすべてそこから演繹(えんえき)される。

火星に移民するためには巨大なロケットを今までにないほどの多数回打ち上げる必要がある。だから再利用型のスターシップを開発する。スターシップの推進剤は火星で現地生産できる必要がある。だから現地の二酸化炭素と水から作れるメタンと液体酸素を推進剤に使う、というように。そこには物理的合理性しかなく、「宇宙産業を維持する」あるいは「宇宙産業が立地する地域の雇用を維持する」というような人間社会の側から来るカッコ付きの「合理性」は考慮されない。むしろ人間社会の側の条件は火星植民という理念を実現するための道具として利用される。スペースＸはスターシップをアルテミス計画に売り込み、「スターシップＨＬＳ」という形で首尾良く採用された。これは「宇宙産業として官需に食い込んで売上を立てる」というだけではない。イーロン・マスクにとっては、火星植民の道具であるスターシップを維持発展させるための方策なのだ。

今や世界を変えようかという勢いのスターリンクも同様だ。今後スターリンクの衛星は、より巨大で高機能の「スターリンクｖ２・０」に移行する計画となっている。ｖ２・０衛星は、ファルコン９では一度に多数機を打ち上げることができず、スターシップで打ち上げる予定となっている。スターリンク衛星がｖ２・０になることで、スターシップの初期の打ち上げ需要は自社で自ら作り出すことができる。それはさらなるスターシップの改良――より火星植民に向いた仕様へのバージョンアップ――を可能にする。

スターリンクもまた、火星植民のための道具であり方便なのである。イーロン・マスクにとっては。

2024年3月のスターシップ試験機3回目の打ち上げ後の4月7日、イーロン・マスクは火星植民に向けたプレゼンテーションを行い、その中で、今後のスターシップの改良計画を明らかにした。ラプターエンジンは現行のラプター2から、より低コストな構造を採用しつつ一層大推力化を進めた「ラプター3」へと改良する。さらに全高を現行の124mから150mまで延ばして搭載推進剤を増やし、打ち上げ能力を強化した「スターシップ3」を開発するとした。これに合わせて現在飛行試験を行っているスターシップの完成形を「スターシップ2」と呼ぶ。ファルコン9が、ファルコン9v1・0から4回の大幅改良を経て、最終形のファルコン9ブロック5となったのと同じことをスターシップでやろうとしているわけだ。

スターシップ3では、打ち上げ能力をスターシップ2の2倍の地球低軌道に200トンにまで増強する。これは、アポロ計画の「サターンV」、旧ソ連が開発した超大型ロケット「エネルギヤ」（1987年初打ち上げ）を超えた、世界最大のロケットだ。しかも第1段、第2段とも回収再利用して、なおかつこの打ち上げ能力を発揮しようというのである。おそらく使い捨ての第2段を使用すれば、打ち上げ能力はさらに数十トンオーダーで上積みされるだろう。

ちなみに、現在地球周回軌道で運用されているISSは420トンで、1998年から2011年にかけてスペースシャトルで27回、ロシアモジュールを4回の打ち上げで軌道上に運び、完成させた。重量だけで考えるなら、スターシップ3は2回の打ち上げでISSをほぼ完成させることができるわけだ。

おそらくスターシップ3は最終完成形ではない。イーロン・マスクが火星植民に十分と判断するまで、スターシップの改良と能力増強は続くと考えるべきだろう。

では、かくも激しくスペースXが立ち回り、世界中の宇宙開発をかき回し、刺激し、挑発し続けた15年間、日本の宇宙開発は何をしていたのか——実は体制改革に汲々（きゅうきゅう）としていたのである。

第４章　日本宇宙開発体制改革10年の蹉跌(さてつ)

日本政府の宇宙政策の体制

現在の日本政府の宇宙政策は、内閣府を中心とした体制である。

トップに内閣総理大臣を本部長とする、宇宙開発戦略本部がある。副本部長は、内閣官房長官及び宇宙開発担当大臣の２名。その他内閣閣僚の全員が、宇宙開発戦略本部の本部員となる。つまり宇宙関連政策は、内閣直轄の国の重要分野に位置付けられている。

ただし、宇宙開発戦略本部の開催状況はというと、２００８年9月12日の第１回会合から、２０２３年12月22日の第29回会合まで、15年３ヶ月で29回。平均開催間隔は６ヶ月強で、年に２回。１回の時間もせいぜい15分程度。

つまり宇宙開発戦略本部とは宇宙政策を議論する場ではない。すでに行政側の検討ででてきあがった宇宙政策の案を政治の側が了解する――分かりやすく言えば国の政策であるとしてお墨付きをあたえるという機能を持つ。国の意志決定としては必要不可欠だが、実際の事務としては儀礼的な場なのである。

では、どこで宇宙政策を議論しているのかといえば、内閣府に宇宙政策委員会という組織がある。宇宙政策委員会は、内閣総理大臣の諮問機関で、委員長以下有識者９名からなる。ここが各官庁から上がってきた「このようなことをしたい」という案を審議して、「これはやるべき」とまとめ、内閣総理大臣に進言する。するとそれが、内閣メンバー全員が兼務する宇宙開発戦略本部に上がって、国としての政策として決定されるわけだ。

内閣府には宇宙開発戦略推進事務局という組織がある。ここが、各官庁が上げてきた施策案を、宇宙政策委員会の審議する公文書の形にまとめる。また、後述する準天頂衛星システムのように、内閣府が直接管轄する国のプロジェクトもあるので、それら直轄プロジェクトの管理も行う。

各官庁の宇宙関連施策は、それぞれ各官庁が独自のやり方でまとめている。技術開発や宇宙科学などを担当し、歴史的にもっとも宇宙との関連が深い文部科学省を例にとると、宇宙開発利用部会という独自の審議組織を持つ。宇宙政策委員会と同じく有識者で構成されており、文科省関連の宇宙施策の審議を行う。ここでＯＫとされたものが、内閣府・宇宙政策委員会に上がっていくわけだ。

決定された国の政策としての各プロジェクトは、「宇宙基本計画」という年度ごとの公文書に記載される。宇宙基本計画には今後10年程度の中期の計画が記載され、毎年改定される。また、個々のプロジェクトをどのようなスケジュールで実行するかは宇宙基本計画に附属する「宇宙基本計画工程表」という表にまとめられる。

ここまで意志決定の上から下へと、日本政府の宇宙開発体制をたどってきた。理解を助けるために、一例として宇宙航空開発機構（ＪＡＸＡ）の一職員の発案が、日本国の政策に組み込まれるまでを、逆に下から上へと見ていくことにしよう。

まず最初に、一職員の発案が、ＪＡＸＡ全体の意思となる必要がある。ここは、通常の企業と同じだ。社内の合意をとりつけ、最終的にはＪＡＸＡの理事会で決定して理事長の裁可を得ることになる。ＪＡＸＡの意志となれば、次は文部科学省の説得だ。文科省がＯＫとなれば、宇宙開発利用部会で審議され、「文科省としてこのようなことをやりたい」と、話が内閣府に上がる。

内閣府が通ると宇宙政策委員会の審議事項となり、ここを通過すれば、最終的に半年に1回の宇宙開発戦略本部で閣僚全員の合意を得て、正式の国の施策となる。

もちろん、それぞれの段階で通称「ご説明」という事前レクチャーがあり、非公式に先に話を通しておくということもあり、あるいはそれとなく探りを入れてこの話を通してくれるかどうかを事前に調べるということもあり――人間組織におけるありとあらゆる手練手管が使われる。

この内閣府を中心として、JAXAをはじめとした実施機関と政治的意志決定を結びつける宇宙開発政策の体制は、2008年施行の宇宙基本法という法律にその根拠を持つ。宇宙基本法は、日本の宇宙政策の法的根拠となる基本法だ。日本の国としての宇宙開発は、1955年の東京大学・生産技術研究所の糸川英夫教授による「ペンシル」ロケット発射実験から始まるが、以来2008年に至るまで、日本は国としての宇宙政策の基本を定める基本法を持っていなかった。

では、2008年以前は、どのような体制で宇宙開発を進めてきたのか。話は、1950年代まで遡る。

総理府・宇宙開発委員会

日本宇宙開発のパイオニア・糸川英夫（1912〜1999）がロケット研究を開始したのは、1953年秋のことだった。

糸川は東京帝国大学の航空学科出身で、中島飛行機で陸軍97式戦闘機、一式戦闘機「隼（はやぶさ）」などの開発に参加した後、1942年に東大に第二工学部が発足した際に東大に移った。敗戦後、占領軍は日本の航空研究を一切禁止する。第二工学部は敗戦後、生産技術研究所に改組され、同研究所教授となった糸川は医療機器や音響機器の研究を行っていた。1952年のサンフランシスコ講和条約発効と共に、航空研究は解禁となる。1953年、糸川はアメリカに半年滞在し、アメリカでの航空技術の急速な発達と、宇宙開発への萌芽（ほうが）が始まっていることを見聞。刺激を受けた彼は自らも再度航空機研究、それもロケット動力で超高空を飛ぶ航空機の研究を開始しようとした。

もちろん、すぐに研究資金が集まるはずもなく、糸川は生産技術研究所内にAVSA（Avionics and Supersonic Aerodynamics）という勉強会を組織し、まずは動力となるロケット推進装置の実験に向けて手筈（てはず）を整えていった。

ここで1957年の第3回地球観測年（IGY）という大規模な国際イベントへの日本の参加の話が持ち上がる。IGYは国際協力により、地球大気や磁場などの理学観測を一斉に行う大規模な国際協力イベントだ。第1回は1882年から83年にかけて、第2回は1932年から33年にかけて行われた。1957年から58年にかけての第3回では、ロケットを使った高層大気の観測が目玉となった。

占領状態を脱した日本としては、学術分野で積極的に存在感を示すことで国際社会への復帰を印象付けたい。誰かロケットを作れる者はいないか。かくしてロケット推進の研究を始めていた糸川に白羽の矢が立ち、予算がついたことで東大のロケット研究はスタートした。当初の「ロケット推進で超高空を飛行する航空機」という目標が、「ＩＧＹの期間中にＩＧＹの要求する高度１００㎞の理学観測が可能なロケット」に切り替わることで、日本の宇宙開発は始まったのである。

１９５５年にペンシルロケットの実験が始まった時点で、東大のロケット研究は文部省の管轄であり、同省の文教予算から研究資金が出ていた。学術研究なので、学問の自由の範疇（はんちゅう）であり、この時点で政府の意向は、一切関係ない。

研究者とは好奇心の塊であり、研究は次の研究を呼ぶ。東大のロケット研究はＩＧＹの後も続き、ロケットは大型化していった。より高く飛ばすためにはロケットの大型化が必須だったからだ。やがて、大型化したロケットで衛星を打ち上げようという検討が始まった。予算もまた大型化し、「いったいどこまで大学の研究でロケットを飛ばすのか」という議論が起きる。

1960年代に入ると、1956年に総理府の外局として設立された新興官庁の科学技術庁がロケット研究に参入してくる。文部省が「学術研究としてのロケット」であったのに対して、「実用面で役に立つ人工衛星を打ち上げるためのロケットを開発する」という方針で、文部省との違いを際立たせた。もちろんそこには、中央官庁の〝本能〟というべき、権限拡大の思惑があった。科技庁は、新たなエネルギー源としての原子力の技術開発を管轄する官庁として設立されたが、原子力とは別の官庁存続の柱となる巨大技術開発アイテムが欲しかったのである。

ここで、「いったい国の政策としての宇宙開発は、どの官庁の管轄とすべきか」という権限争いが起きる。この争いはかなり込み入った経緯を経て、最終的に「研究は文部省、実用化のための技術開発は科学技術庁」という二頭立て体制ということになった。

この二頭立て体制をまとめる組織として、1968年4月に、総理府に内閣総理大臣の諮問機関として宇宙開発委員会が設立された。現在、内閣府に宇宙政策委員会があるのと基本的に同じ組織形態である。宇宙開発委員会は、委員長が科技庁長官であり、有識者4人が委員を務めるという形態だった。

この時点で、宇宙政策は総理府を通じて内閣総理大臣に直結する国の重要施策という位置付けになった。

科技庁長官が委員長を兼ねるというのは、科技庁が総理府の外局だったからである。必然的に宇宙開発委員会の事務を司るのは科技庁となった。事務を司る官庁は、公文書の文言の調整を通じて、実質的にその分野の政策に関する主導権を持つ。総理府・宇宙開発委員会の事務を科技庁が担当するということは、日本の宇宙開発政策の最終的な調整の権限を科技庁が持つ、科技庁中心の宇宙開発体制ということでもあった。

ただし、科技庁は新興官庁であり、他官庁からの多数の出向者がいてはじめて成立する寄り合い所帯でもあった。他官庁としては、科技庁の宇宙開発委員会事務局に、出向者を送り込むことで、宇宙開発の意志決定に関与することが可能で、実際そうなった。科技庁が宇宙開発を仕切っているようでいて、実際には出向者を通じて、宇宙産業化を狙う通商産業省、気象衛星を担当する気象庁を管轄する運輸省、通信衛星の電波監理を行う郵政省が、宇宙政策を左右する権限を保持することになった。

科技庁側の宇宙開発の実施機関として、１９６９年10月には、特殊法人の宇宙開発事業団（ＮＡＳＤＡ）が設立される。ＮＡＳＤＡは理事長・副理事長以下理事による理事会で意志決定を行う。この理事に各官庁からの〝天下り〟を迎え入れることで、ＮＡＳＤＡもまた、霞が関のガバナンスに組み込まれた。

その後ＮＡＳＤＡ理事長職も各官庁次官経験者の天下りの指定席となり、日本政府の宇宙政策体制は、公式・非公式の両方から完成した。それは総理府・宇宙開発委員会を頂点とするトップダウンの体制であると同時に、同時に関係各官庁に巧みに権限を分散してボトムアップの意志決定の流れをも兼ね備えてもいた。

ちなみに、東大のロケット研究は予算額の増大と共に組織形態を変えていった。１９６４年には生産技研から分離し、東大・航空研究所と合流して東大・宇宙航空研究所となり、さらに１９８１年には宇宙分野が東大から独立して文部省直下の研究機関の文部省・宇宙科学研究所（ＩＳＡＳ、通称宇宙研）となっている。

具体的にひとつの施策が、実際に国が実行する宇宙政策となるまでの意志決定プロセスは、この総理府・宇宙開発委員会の体制をもって完成したといっていい。ＮＡＳＤＡや、東大――後の宇宙研――の具体的なプロジェクトは、ボトムアップ的に意志決定の階層を上っていって、宇宙開発委員会で国の計画として承認される。承認された計画は年度ごとの「宇宙開発計画」という公文書に記載される。宇宙開発委員会は、宇宙開発計画とは別に、今後15年の中期計画として「宇宙開発政策大綱」という公文書を5年に1回作成する。

このように見ていくと、現在の内閣府・宇宙政策委員会を中心とする体制は、ほぼそのまま、1968年から69年に整備された、総理府・宇宙開発委員会の体制も継承していることが分かる。内閣府・宇宙政策委員会は、総理府・宇宙開発委員会に相当するし、宇宙基本計画は、宇宙開発計画に対応する。

総理府・宇宙開発委員会の体制は、1970年代から80年代にかけての20年間、かなり効果的に機能した。この間に日本は、日本初の人工衛星「おおすみ」を打ち上げ（1970年）、アメリカからの技術導入で実用衛星打ち上げに向けた大型液体ロケットの運用を開始し（1975年〜）、日本初の惑星間探査機を打ち上げ（1985年）、完全国産の大型液体ロケット「H‐Ⅱ」の開発に着手した（1985年、H‐Ⅱは1994年に初号機打ち上げに成功）。

このうまく回っていた体制に変調が始まるのは、1980年代末になってからである。最初の打撃はアメリカからやってきた。

日米通商交渉〝スーパー301〟による挫折

総理府・宇宙開発委員会の体制における産業政策としてのNASDAの役割は、護送船団方式による宇宙産業育成の要であった。ロケットも衛星も、日本独自の技術開発という名目でアメリカから技術導入し、随意契約で国費を投入し、日本のメーカーに作らせる。作る過程でメーカーは技術を蓄積する。蓄積した技術で、最終的には日本独自のロケットと衛星を開発し、それを商業的に海外に売り、ビジネスとして成立させる――ロケットは米ダグラス社からの技術導入で、「N-I」（1975年初打ち上げ）、「N-II」（1981年初打ち上げ）、「H-I」（1986年初打ち上げ）というロケットのシリーズを開発して地力をつけて、念願の純国産ロケットの「H-II」（1994年初打ち上げ）に進んだ。

衛星では、三菱電機、日本電気、東芝の3社が、国の衛星開発事業に名乗りを上げた。技術試験衛星「ETS」シリーズ（愛称「きく」）、日本電信電話公社（電電公社）がカスタマーとなる通信衛星「CS」シリーズ（愛称「さくら」）、日本放送協会（NHK）がカスタマーの放送衛星「BS」シリーズ（愛称「ゆり」）、気象庁がカスタマーとなる気象衛星「ＧＭＳ」シリーズ（愛称「ひまわり」）と、4つのシリーズで米衛星メーカーから技術を導入しつつ、じりじりと技術をつけていった。ＣＳは米フィルコ・フォード社（現マクサー・テクノロジーズ社）、ＢＳは米ＲＣＡ社（現ロッキード・マーチン社）、ＧＭＳは米ヒューズ社（現ボーイング社）からそれぞれ技術導入を受けた。

その集大成となるのが「技術試験衛星6型」（ＥＴＳ－Ⅵ、打ち上げ後に愛称「きく6号」と命名）だった。

ＥＴＳ－Ⅵは、Ｈ－Ⅱでの打ち上げを前提とした、打ち上げ時重量4トン級、静止軌道初期重量2トン級の静止実験衛星だった。それ自身は通信実験を行う実験衛星だったが、技術開発の核は2トン級静止衛星の基礎技術にあった。2トンという大きさは計画を開始した1980年代半ばに、1990年代には欧米メーカーが販売すると予想されていた静止衛星のサイズと同等であり、このサイズなら商業的に競争力のあるものになる予定だった。

電源や姿勢制御系、内部の温度を一定に保つ熱制御系などを総称して、衛星バスという。衛星バスに、通信機器や放送機器などを組み合わせることで通信衛星や放送衛星を作れる。ＥＴＳ－Ⅵが完成すれば、その先にはＥＴＳ－Ⅵの衛星バスを使って通信衛星や放送衛星を作り、それをＨ－Ⅱロケットで打ち上げるというビジネスの展望が開けるわけだ。

もちろんＥＴＳ－Ⅵが完成するだけでは、ビジネスは動き出さない。そこには最初に衛星を発注するカスタマー――ローンチ・カスタマーが必要になる。護送船団方式の産業育成策の中で、ローンチ・カスタマーは確定していた。通信衛星と放送衛星だ。

ＮＡＳＤＡは、通信衛星と放送衛星を開発して打ち上げ、それらの衛星を電電公社とＮＨＫが利用するスキームで動いていた。だから、Ｈ－ⅡとＥＴＳ－Ⅵの完成と共に、ＥＴＳ－Ⅵの衛星バスを使った第４世代の、通信衛星と放送衛星各２機の開発を始めれば、それがローンチ・カスタマーとなる。打ち上げにＨ－Ⅱロケットを使えば、これら４機の衛星はロケットのローンチ・カスタマーにもなり、その後の国際的な衛星ビジネス及び商業打ち上げビジネスの展開が可能になる――。


一方で１９８０年代は、日本経済絶好調の時代でもあり、日本はアメリカに自動車や家電製品を雪崩（なだれ）のごとく輸出しており、貿易不均衡が問題になっていた。絶好調の日本に対してアメリカは深刻な危機感を抱く。このままではアメリカ国内の産業は空洞化してしまう。日本を叩いておかねばならない。

１９８９年５月、アメリカは包括貿易法「スーパー３０１条」に基づき、人工衛星、スーパーコンピューター、林産物の分野で日本を優先国に認定した。

スーパー３０１条は、米１９７４年通商法３０１条（貿易相手国の不公正な取引慣行に対して相手国との協議、及び協議が不調の場合の経済的制裁を規定する条項）に対する、時限強化条項だった。１９８８年と１９８９年に限定して、米通商代表部（ＵＳＴＲ）に不公正取引慣行の調査及び議会への報告と、３０１条の適用を義務付けるというものだ。米議会はＵＳＴＲの、不公正取引慣行の調査に不満を持っており、時限立法による義務化でＵＳＴＲを蹴飛ばしたわけである。

この時ＵＳＴＲが問題にした衛星に関する不公正取引慣行とは、まさに総理府・宇宙開発委員会の体制が20年にわたって実施してきた「衛星とロケットを日本メーカーに発注することで産業を育成する」という護送船団方式の産業育成方式だった。「なぜ日本メーカーに限定されるのか。日本メーカーに限定した衛星の調達は海外メーカーの参入を阻む不公正な取引慣行である。国際的に開かれた公開調達にすべきだ」と米側は主張した。

日米交渉は年をまたいで続き、１９９０年６月、日本は非研究開発衛星の国際公開調達を受け入れて合意に至る。研究開発衛星とは、国が技術開発のためにメーカーに発注して製造し、運用する衛星のこと。有り体にいえばETSシリーズのことである。対して非研究開発衛星とは、技術試験衛星のETSシリーズを除く、CS、BS、GMSのすべてを意味する。これらはカスタマーが付いていて、それぞれ通信、放送、気象観測という実用的用途を持つので、カスタマーは国際市場から自由に発注先を選定すべきであるとされたのだ。

国際競争力の点で、まだ日本の衛星メーカーは、欧米のメーカーと対抗できる状態ではなかった。その状態で国際的な公開調達に踏み切るということは、三菱電機、日本電気、東芝の三社にとって、仕事を欧米のメーカーに持って行かれることを意味した。CS／BSのローンチ・カスタマーを失い、「ETS－Ⅵと、H－Ⅱの組み合わせで、商業衛星及び商業打ち上げ市場に進出する」という産業育成策は瓦解（がかい）した。

スーパー301に基づく日米通商交渉は、竹下登内閣の末期から始まり、短命に終わった宇野宗佑内閣を通じ、海部俊樹内閣で決着した。自民党政権が、アメリカの要求を呑んだ最大の理由は自動車及び家電産業の保護であり、代償として宇宙産業育成策が生け贄（いけにえ）として差し出された結果となった。

同時にこの合意には、１９８２年から１９８７年にかけての中曽根内閣が推進した新自由主義的政策が大きく影響していた。中曽根内閣のもと、民営化により効率化を図るとして、電電公社は１９８５年４月に、民営化されて日本電電（ＮＴＴ）となった。民営化されたＮＴＴは、国策による通信衛星調達を「価格が高すぎるので、海外から衛星を調達したい」と考えていたのである。

またＮＨＫも、国の政策によって打ち上げられた放送衛星「ゆり２号ａ／ｂ」の２機でＢＳ放送を行う一方で、この２機が故障した場合の予備衛星「ＢＳ‐２Ｘ」として、発注がキャンセルとなり米ＧＥ社で保管されていた衛星を格安で調達するなど、「国の産業育成策による高価な国産衛星に付き合いたくない」という姿勢を見せていた（余談となるが、ＢＳ‐２Ｘは１９９０年２月に打ち上げに失敗。ＮＨＫはすぐにまたＧＥから代替衛星ＢＳ‐３Ｈを調達するも、こちらも１９９１年４月に打ち上げに失敗してしまった）。

日米合意以降、ＮＡＳＤＡの衛星は、研究開発用途に限定された。仕事を海外メーカーに取られた日本の三社を保護するために、神経質なまでに研究開発に特化して衛星開発を進めざるを得なかった。

ところが、このことが２０００年代以降、政治の不興を買うことになる。日米合意は政治の意志であったが、日本の政治はその結果であるＮＡＳＤＡの研究開発への特化に不快感を持つようになったのだ。

技術導入から自主技術へ――相次ぐ事故と失敗

次にやって来た波乱は、立て続けの失敗と事故だった。

２０２４年現在の視点からすると、１９９０年代から２０００年代にかけて立て続けに起きた宇宙関連の失敗・事故は、日本の宇宙開発が技術導入の時期を脱し、独自の技術を展開するようになった現れであった。どんなに頑張って技術開発を行っても、最初はどうしても失敗が起きる。技術にはノウハウがつきものであり、ノウハウは実際に作り、運用するところからしか得られない。経験不足の技術開発初期には、どうしても失敗が発生する。

ロケットを例にとろう。現在もロシアが運用する「ソユーズ」ロケットの原型となった「Ｒ－７」大陸間弾道ミサイルは、１９５０年代に開発されたが、最初の発射実験は連続で６回失敗しており、７回目の試験で初めて成功した。同じく、大陸間弾道ミサイルとして開発され、後に衛星や有人宇宙船にも使われるようになった「アトラス」ロケットもまた、プロトタイプである「ＳＭ‐65ＢＡアトラス」は８回の発射実験で４回失敗、発展型の「ＳＭ‐65Ｂアトラス」は、９回の試験で４回失敗、続く改良型「ＳＭ‐65Ｃアトラス」は３回の実験がすべて失敗、続く「ＳＭ‐65Ｄアトラス」でやっと安定して打ち上げられるようになっている。

あるいは月・惑星探査機を例にすると、旧ソ連の月探査機「ルナ」シリーズは最初３回失敗し４機目がやっと打ち上げに成功している。アメリカの初期月探査機「パイオニア」シリーズは、10機中５機が失敗だ。

未知の領域に挑む技術開発は、どうしても失敗の連続となる。

ところが、日本、特にＮＡＳＤＡの技術開発はアメリカからの技術導入で始まったので、初期のノウハウ不足からの失敗を免れた。Ｎ‐ⅠからＨ‐Ⅰまでのロケットは、Ｎ‐Ⅰ７機、Ｎ‐Ⅱ８機、Ｈ‐Ⅰ９機がすべて打ち上げに成功したことで、世間的に「日本のロケットは失敗しない」という印象が形成されてしまっていた。

が、全面的に日本独自の技術で開発したＨ‐Ⅱロケット、及びＨ‐Ⅱで打ち上げる衛星となると、そうはいかなかった。

以下、ナンバーを振って、１９９０年代以降の宇宙分野における大型のトラブルや事故を振り返ってみよう。

①１９９４年８月、日米通商交渉で先述した「技術試験衛星６型（ＥＴＳ－Ⅵ）」を搭載したＨ－Ⅱロケット２号機が、種子島宇宙センターから打ち上げられた。打ち上げそのものは成功したが、軌道上に放出されたＥＴＳ－Ⅵが静止軌道に到達するためのアポジエンジンという液体ロケットエンジンを噴射したところ、配管の弁に異常が発生して推進剤が漏れ出し、だらだらと小さな推力を発生して止められなくなってしまった。ＥＴＳ－Ⅵは静止軌道に到達できないまま、アポジエンジンの推進剤は尽きてしまった。その後ＥＴＳ－Ⅵは「きく６号」と命名され、予定外の軌道でできる限りの実験を実施したが、打ち上げ後２年で運用を終えた。

②１９９６年８月、ＮＡＳＤＡはＨ－Ⅱロケット４号機で大型の地球観測衛星「みどり」を打ち上げた。みどりはＨ－Ⅱによる打ち上げを前提として開発された、重量３・５トンの日本最大級の地球観測衛星で、主センサー２種類の他に国際協力も含む副センサー

5種類を搭載していた。打ち上げは成功し、みどりは予定の軌道上で観測を始めたが打ち上げから10ヶ月後の1997年6月に、太陽電池パドルがばっさりと破断してしまい、電力を喪失する事故で運用できなくなってしまった。破断の原因は、温度変化による太陽電池の伸び縮みの繰り返しだった。みどりは、軽量化のために柔らかいシートの上に太陽電池を張り付けたフレキシブル太陽電池パドルを採用していた。全長26ｍものバドルには軌道上での温度変化による伸縮を吸収しつつ柔らかい太陽電池シートを保持する機構が作り込んであったが、この伸縮を吸収する機構のストロークが足りず、太陽電池パドルに伸び縮みの繰り返し応力がかかって、遂に破断してしまったのだった。

③1998年2月、ＮＡＳＤＡはＨ－Ⅱロケット5号機で、通信実験衛星「かけはし」を打ち上げたが、第2段エンジン「ＬＥ－５Ａ」が途中で停止してしまい、かけはしを予定外の軌道に投入してしまった。ＬＥ－５Ａエンジンの燃焼室外壁に穴が開いてしまい、エンジンが停止したためだった。このエンジンは、地上での燃焼試験で、燃焼室壁面が規定以上に過熱する異常を起こしていたが、点検の上問題なしとして打ち上げに使用してしまっていた。かけはしは、その後衛星搭載の推進系を使ってある程度予定の実験が可能な

軌道に投入し、１９９９年８月まで運用した。

④同じく１９９８年７月、文部省・宇宙科学研究所は日本初の火星探査機「のぞみ」を、「Ｍ‐Ｖ」ロケット３号機で打ち上げた。打ち上げは成功したものの、同年12月の火星に向かう軌道に入るための地球の重力を利用する地球スイングバイで、予定の軌道に入ることに失敗してしまった。地球スイングバイは、地球の近くを通ることで重力を通じて地球から運動エネルギーを受け取り、かつ軌道を曲げて目的の方向に向かうという操作だ。のぞみの地球スイングバイは、地球最接近時に同時に探査機に搭載したスラスターという小さなロケットエンジンも噴射する「パワー・スイングバイ」という方式だった。そのスラスターの推進剤配管系の弁がひっかかり、うまく噴射できなかったのである。

のぞみはその後２００３年12月に火星に到達する軌道を見出して運用を続けたが、今度は搭載した通信機器の電源系にトラブルが発生してしまい、最終的に火星到達を断念した。

⑤１９９９年11月15日、ＮＡＳＤＡは運輸多目的衛星「ＭＴＳＡＴ」をＨ‐Ⅱロケット８号機で打ち上げた。しかし、第１段エンジン「ＬＥ‐７」が打ち上げ途中で停止し、打

ち上げは失敗した。ＬＥ－７エンジンの液体水素をエンジンに供給するための液体水素ターボポンプのインデューサーという部品が破損したのが原因だった。この事故を受けて、ＮＡＳＤＡは、Ｈ－Ⅱの運用を終了し、開発中だった後継ロケット「Ｈ－ⅡＡ」の開発に全力を集中することを決定した。

運輸多目的衛星は、気象衛星「ひまわり５号」の後継機だった。気象庁はすぐに代替機の確保に動いたが、衛星がすぐに開発できるはずもなく、後継機「ひまわり６号」の打上げは２００５年２月となった。その間に軌道上のひまわり５号は衛星寿命が尽きて観測継続が難しくなったため、日本はアメリカが軌道上で予備機として運用していた気象衛星「ＧＯＥＳ－９」を借りて、衛星気象観測の途絶を防いだ。その後、日本でも「ひまわり」シリーズは不測の事態に備えて、軌道上に予備機を待機させるようになった。

⑥２０００年２月、文部省・宇宙科学研究所はＭ－Ｖロケット４号機で、Ｘ線天文衛星「ＡＳＴＲＯ－Ｅ」を打ち上げたが、グラファイト製の第１段ノズルのスロート部（ノズルのもっとも狭くなる部位）が破損し、打ち上げは失敗した。失敗後、ノズル・スロート部は潜在的な欠陥の存在が排除できないグラファイト製から、３次元カーボン／カーボン

の複合材料製に変更された。

⑦2002年12月、NASDAはH－ⅡAロケット4号機で環境観測技術衛星「みどりⅡ」を打ち上げた。みどりⅡは、1997年に太陽電池パドル破断で機能を喪失した地球観測衛星「みどり」の後継機で、重量3・7トンの大型衛星だった。しかし打ち上げ後10ヶ月の2003年10月、みどりⅡもまた電源系の故障で機能を喪失してしまった。

このように1990年代から2000年代にかけて起きた事故を概観していくと、そこに浮かび上がってくるのは、未知の領域への技術開発において必然的に生じるノウハウの不足だ。推進系において弁は必要不可欠の機械要素だ。宇宙空間で動作する弁には、設計から使いこなしに至るまで様々なノウハウが存在する。が、日本の宇宙開発の現場は、ノウハウを蓄積するにはあまりに経験が足りなかった。あるいは衛星・探査機の電源系は、宇宙機の健全な動作にあたって基礎となる重要な部位だ。しかし、技術としては地味であり、その重要性は看過されがちだ。実際には電源系の故障でいくつも衛星・探査機が機能を喪失したのである。

事故の連続によって、政治の中には、日本の宇宙開発に対する潜在的な不信感を蓄積していった。ここで注意すべきは、1989年から1990年にかけての日米通商交渉で、非研究開発衛星の公開調達というアメリカに対する妥協を行って、それまでの産業育成策を実現直前で無にしたのは政治の側であるということだ。1990年代以降の立て続けの失敗は、政治によってハシゴを外された宇宙業界が呻吟（しんぎん）した結果といえなくもないが、そのことに対する反省もなく、政治は宇宙分野にさらなる2つのプレッシャーを掛けていく。

情報収集衛星（IGS）計画のスタートと、中央官庁再編である。

日本最大の宇宙計画、情報収集衛星

「日本も安全保障目的の偵察衛星を保有し、運用するべきである」という主張は、1980年代から議論の俎上（そじょう）に載っていた。が、議論が活発化したのは1990年代に入ってからである。大きな理由のひとつが、1990年のスーパー301による日米合意であった。日本の衛星メーカーからすれば、この合意でBSとCSの確実な官需をアメリカに奪われたわけだ。自動車産業と家電産業を守るために、衛星産業は国によってアメリカに人身御供（ひとみごくう）として差し出されてしまった。ならば、衛星メーカーとしては、国からBS／CSに代替の官需を引き出したいというのが正直な意識であり、そこに政治が納得する用途の衛星として偵察衛星が浮上した。

とはいえ、そんなに簡単に新たな官需が立ち上がるはずもなく、1990年代は衛星メーカーにとって苦難の時代となった。2001年には、日本電気と東芝はそれぞれ衛星部門を分離して、NEC東芝スペースシステム（NTスペース）という合弁会社に再編している。主導権を持ったのは日本電気で、事実上の東芝の撤退である。その後日本電気は、衛星事業の大部分を日本電気本社に移管。NTスペースは、日本電気の100％子会社となって、現在はNECスペーステクノロジーという社名で、衛星サブシステムを製造している。

状況が大きく変化したのは、1998年8月31日に、北朝鮮が衛星発射と称して長距離弾道ミサイル「テポドン1号」の試験機を東に向けて発射し、津軽海峡上空を通過して日本列島を飛び越えたことだった。宇宙開発初期の旧ソ連の「Ｒ－７」やアメリカの「アトラス」に見るように、十分な加速能力を持つ大陸間弾道ミサイルは、そのまま衛星打ち上げに使える。この打ち上げ実験自身も、地球の自転速度を利用できる真東方向への発射だったことや、直後の北朝鮮のマスゲームに衛星がモチーフとして登場したことから、衛星打ち上げの試みであったことは間違いない。また実際問題として、衛星打ち上げの場合は、日本の領土に残骸が落下する可能性はごく小さい。そしてまた、領空の定義は慣習的に上空１００km以下であり、それ以上は宇宙空間となるので、通過は自由だ。

その一方で、日本政府は、テポドン１号の領空通過を深刻に受け止めた。テポドン１号発射の６日前の８月25日に三菱電機の谷口一郎社長（当時）が、自由民主党の科学技術・情報懇談会において、「多目的精密観測衛星」という名称で日本の偵察衛星保有に向けたプレゼンテーションを行っていたのも、大きく影響した。

テポドン１号打ち上げから１週間後の与党連絡会議で偵察衛星保有に向けた検討開始が決まり、２ヶ月後の11月６日には、「情報収集衛星（ＩＧＳ：Information Gathering Satellites）」の名称で、偵察衛星を保有することが閣議決定された。

ところで、当時の総理府・宇宙開発委員会では、このような安全保障目的の宇宙インフラの審議を行う体制が整備されていなかった。1969年にNASDAが設立されるにあたって、国会では宇宙開発事業団法という法律が審議、可決された。その際に、「我が国における宇宙の開発及び利用に係る諸活動は、平和の目的に限り、かつ、自主、民主、公開、国際協力の原則の下にこれを行うこと。」という付帯決議が可決され、しばらくは、安全保障用途の宇宙開発はタブー扱いとなっていたからである。

その後技術の進歩に伴い、衛星通信のように民間で一般に使われるようになっているものは、安全保障用途でも使用できると緩和されたものの、体制面では政府の安全保障用途の宇宙開発・宇宙利用をきちんと審議する仕組みは、IGS計画が動き出した段階では未整備だったのである。

IGSは一応宇宙開発委員会で審議されたものの、審議の根拠は曖昧（あいまい）なままだった。当初IGSは、光学衛星2機、レーダー衛星2機の4機体制で、予算総額は2500億円とされた。その分の予算は既存の宇宙計画に食い込み、一方で予算総額は増えず、既存計画は圧迫された。衛星には寿命があり、IGSに向けた技術開発にも予算が付いたので、21世紀に入ってからIGSは毎年約800億円もの予算を使う日本最大の宇宙計画に膨れ上がることになる。

中央官庁再編とＪＡＸＡ発足

もうひとつの中央官庁再編は、ＩＧＳ以上に巨大な変動を日本の宇宙開発に巻き起こした。

２００１年１月、政府は中央官庁の大規模な組織改革を実施し、それまでの１府22省庁は、１府12省庁に再編された。科学技術庁は文部省と合併して文部科学省になった。ここで問題になったのは、総理府・宇宙開発委員会の扱いである。総理府は内閣府に再編されたので、そのまま素直に考えれば、内閣府・宇宙開発委員会となる。

しかし、実際には、総理府・宇宙開発委員会は、文部科学省・宇宙開発委員会となった。科技庁は総理府の下に付く外局なので、総理府・宇宙開発委員会の事務を司ることで、宇宙政策を実質的に仕切ることができる。しかし文部科学省は独立した省なので、宇宙開発委員会を内閣府に持っていった場合、事務を仕切ることはできない。実質的な権限の喪失である。これを問題視した科技庁の課長クラスが、宇宙開発委員会を文部科学省に留め置くべく動いたらしい。

だが、これが重大な結果を引き起こした。総理府・宇宙開発委員会は内閣総理大臣の諮問機関であり、内閣総理大臣に直結していた。そのことが、宇宙開発を総理直轄の国の重要施策に位置付けていた。しかし、科学技術庁と文部省が文部科学省に再編されたことで、宇宙開発委員会は、単なる文部科学省の一審議会に格下げされてしまった。

それは単なる格下げという以上の大きな問題であった。宇宙開発は、単に文科省が管轄する一行政分野に過ぎないものとなってしまったのである。

中央官庁が合併したので、実施機関もまた無傷では済まなかった。中央官庁再編は行政のスリム化を標榜する行政改革のためであり、中央官庁が合併した以上は実施機関も改革の実を示すために合併する必要がある。2003年10月、宇宙開発事業団、文部科学省・宇宙科学研究所、もともとは科技庁の研究所だった航空宇宙技術研究所が統合され、宇宙航空研究開発機構（JAXA）が発足した。

そこで、20世紀から続いてきた事故の連鎖の最後の、そして最大級の事故が発生した。

2003年11月29日、新生JAXAとしては初の打ち上げとなる、H－ⅡA6号機が種子島宇宙センターから打ち上げられた。搭載されていたのは、情報収集衛星の光学2号機とレーダー2号機の2機。しかし、2基装着されていた固体ロケットブースターのひとつが、燃焼終了後も分離せず、打ち上げは失敗した。

事故調査で、ブースターのノズル・スロート部に発生した侵食がノズル壁面を突き破って燃焼ガスが噴出、ブースター分離のための配線を焼損したことが判明した。しかも、ノズル・スロート部の侵食は、ブースター開発時の地上燃焼試験の段階で判明していたのである。加えて開発時の宇宙開発委員会の審議では、後回しにせずに侵食防止の改良を行うべきと指摘されていた。ところがＮＡＳＤＡは、侵食は壁面を突き破るほどではないと判断して、侵食防止の改良は、次のブースター改良の予算が付いた時に、と後回しにしていたのであった。

政治肝いりで統合された宇宙機関が、その初めての打ち上げで、政治肝いりで始まった情報収集衛星計画の衛星2機の打ち上げに失敗したのである。

宇宙基本法施行と内閣府中心の体制へ

そもそも、総理府・宇宙開発委員会の体制が確立してから、１９７０年代と80年代の20年間、政治は宇宙開発に無関心であった。うまく回っているのだから、それ以上関心を持つ必要がなかったのである。１９９０年の日米合意で、衛星産業という人身御供を宇宙産業からアメリカへと差し出させた後も、無関心だった。少しでも関心があるなら、引き換えに年間予算の増額のような支援を行うところだが、当時の政治はそれすらしなかった。その一方で、１９９０年代から立て続けに起きた事故については、徐々に科技庁と宇宙業界への不信感を募らせていった。

１９９８年に安全保障に直結する情報収集衛星計画がスタートすると、政治も宇宙に無関心ではいられなくなった。そのタイミングで中央官庁の再編があり、連動して宇宙三機関統合によるＪＡＸＡ発足が起きた。そのＪＡＸＡ発足直後に、情報収集衛星の打ち上げ失敗が発生した。

政治の側の不信感は決定的となった。不信感が向かう先は、旧科技庁の体制、つまりはかつて自分達が作った総理府・宇宙開発委員会の体制だった。

はっきりとした証言を得てはいないので推測になるのだが、私は、政治に発生した不信感を、体制改革へと誘導していったのは、通商産業省が改組した経済産業省の官僚ではないかと考えている。

というのも、その後の内閣府・宇宙政策委員会への体制改革では、文科省対経産省という対立構図が明確になり、文科省の権限が削られ、内閣府に付け替えられたからだ。それを行ったのは経産省から内閣府への出向者だった。

通産省は、1970年代に遅れて宇宙分野に参入した。参入の名目に使ったのは通産省管轄の資源エネルギー庁が担当する地下資源探査だった。「衛星搭載の合成開口レーダーで、鉱物資源の探索を行う。そのための技術開発を行う」という形で宇宙分野に入っていったのである。当時、文部省も科技庁も衛星搭載レーダーの研究を始めていなかったので、この参入は権限争いに妨げられることなく、円滑に実現した。通産省は、工業技術院・機械技術研究所（現研究開発法人・産業技術総合研究所）で衛星搭載レーダーの研究開発を行い、その成果は日本初の合成開口レーダー衛星「ふよう1号」（1992年打ち上げ）に適用され、その後の日本のレーダー衛星の基礎となった。これを入り口として、通産省は、レーダー以外の赤外線センサーを使った地球観測や、無重力など宇宙空間の特性を使った宇宙実験などに手を広げていった。

通産省としてはロケットから衛星までの技術を持つ、NASDA相当の傘下組織が欲しかった。本格的な宇宙管轄官庁になりたかったのである。そのために1986年には財団法人・無人宇宙実験システム研究開発機構（USEF）という組織も立ち上げている。が、

20世紀の間はなかなかうまくいかなかった。航空武器課内に宇宙産業室を立ち上げたものの、宇宙産業室は宇宙産業課に格上げになったり、また室に格下げになったりを繰り返した（現在は、経済産業省製造産業局 航空機武器宇宙産業課 宇宙産業室）。

政治の旧科技庁への不信は、経産省にとっては文科省を蹴飛ばしての本格的な宇宙管轄官庁への成長のチャンスだった。

ともかく、2003年11月のH－ⅡA6号機の失敗を契機に、政治は日本の宇宙政策の体制改革へと動き出した。

改革のキーワードは、「宇宙技術開発から宇宙利用へ」だった。旧科技庁の宇宙開発は、技術開発に傾斜し、開発した技術が社会の役に立っていない。政治が行うべきは宇宙の実利用である、というものだ。

文科省の宇宙開発は、技術開発のための技術開発に自己目的化していて、何の役に立つのかが不明確だ。宇宙をどのように日本政府の政策に利用していくべきかという観点から、宇宙政策体制を組み直すべきだというのである。「宇宙の政策ツール化」という言葉も、当時盛んに使われた。

旧科技庁の宇宙開発体制が技術開発に特化したのは、１９９０年6月に日本の政治が、非研究開発衛星の国際公開調達でアメリカと合意したからである。その結果、日本の衛星メーカーに仕事を発注して産業を育成するためには、「これは研究開発目的の衛星です」と言わなければならなくなった。

実際、１９９０年代から２０００年代にかけて計画が立ち上がったＮＡＳＤＡ、そしてＪＡＸＡの衛星計画は、名称に必ず「技術」と入っていた。「これは研究開発衛星です」という言い訳のためだ。それぐらいアメリカからの干渉を恐れたのである。

「文科省の宇宙開発が研究開発のための研究開発となっている」そもそもの原因は、日本の政治が作ったものだった。が、そのことは都合良く忘れ去られた。

政治が、体制改革の根拠としたのは、１９６９年の宇宙開発事業団法を可決した際の付帯決議であった。付帯決議には「すみやかに宇宙開発基本法の検討を進め、その立法化を図ること」という一文が入っていた。が、その後宇宙開発基本法が制定されることはなかった。総理府・宇宙開発委員会の体制が、その後20年にわたってうまく機能したので、政治の側に新たな立法への動機がなくなったからだ。

が、総理府・宇宙開発委員会が、文科省・宇宙開発委員会となってしまい、政治と宇宙行政を直結するルートがなくなってしまった以上、新たな体制のためにはまず基本法の制定が必要になっていた。

２００７年、第１６６回国会に新たな宇宙関連の基本法となる法律の法案「宇宙基本法案」が提出された。提出者は、河村建夫・衆議院議員（自民党）を筆頭に、茂木敏充（自民党・衆院）、今津寛（自民党・衆院）、櫻田義孝（自民党・衆院）、佐藤茂樹（公明党・衆院）、田端正広君（公明党・衆院）、丸谷佳織（公明党・衆院）、西博義（公明党・衆院）の７名。この国会で宇宙基本法案は可決され、２００８年８月27日に施行となった。

最悪のタイミングで、日本は体制改革と宇宙利用に傾いた

この宇宙基本法が、２０２４年現在の日本の宇宙開発体制の基本となっている。その内容は、宇宙政策として国が行うべきことを定めたものだ。第14条に「安全保障に資する宇宙開発利用を推進するため、必要な施策を講ずる」と、安全保障用途での宇宙の利用を明記したことで、情報収集衛星の位置付けが明確になった。さらに、第35条で「政府は、宇

宙活動に係る規制その他の宇宙開発利用に関する条約その他の国際約束を実施するために必要な事項等に関する法制の整備を総合的、計画的かつ速やかに実施しなければならない。」と、今後の宇宙民間利用の拡大に向けて、国に法律の整備を義務付けた。

制度面では国の政策の基本文書として宇宙基本計画を作成すること（第24条）、内閣総理大臣を長とし、閣僚をメンバーとする宇宙開発戦略本部を設置すること（第25条）としている。第32条は、「本部に関する事務は、内閣府において処理する」と、内閣府を宇宙政策の要とすることを明確化した。かつての総理府・宇宙開発委員会の事務を科技庁が担当したことで、科技庁中心の宇宙開発体制が成立したのと同じである。

宇宙基本法は、附則第2条で「政府は、この法律の施行後一年を目途として、本部に関する事務の処理を内閣府に行わせるために必要な法制の整備その他の措置を講ずるものとする。」と、宇宙政策の中心を文科省から内閣府へ移行する作業を1年以内に実施することを求めていた。

が、これが大変な難題だった。1年では済まず、4年かかったのである。その間に起きたのは内閣府への出向者を中心とした経産省と文科省の権力闘争だった。文科省は権限を削られまいと粘り、政治を背景とした経産省が文科省の権限を内閣府に持ってこようとする。内閣府の宇宙関連の椅子を経産省からの出向者でおさえれば、経産省が有利になるという計算だ。これは「経産省と文科省の対立を、体制改革に利用する」という政治の読みの通りの展開であった。

内閣府に行政の中枢となる宇宙戦略室と、審議機関の宇宙政策委員会が設立され、新体制が動き出したのは2012年7月のことだった。

新たな体制は、徹底して「宇宙の実利用」「政策のツールとしての宇宙」を押し出した。旧科技庁が推進していた技術開発は「技術開発のための自己目的化した技術開発は不要」と抑圧され、新たな技術開発計画の立ち上げは極度に困難になった。H-ⅡAロケットに続く新ロケットの開発も、「H-ⅡAを大量生産して打ち上げれば済むことだ」と何年も計画化を引き延ばされた。

ところで、この日本の体制改革の推移と、前章で述べた米スペースX社の新技術開発とを重ね合わせてみよう。

中央官庁再編が2001年、スペースXの起業が2002年、JAXA発足とH-Ⅱ

Ａ６号機の打ち上げ失敗が２００３年、ファルコン１の初の打ち上げ成功と宇宙基本法の成立・施行が２００８年、ファルコン９初打ち上げ成功が２０１０年、試験機「グラスホッパー」による第１段回収再利用に向けた飛行試験開始と内閣府・宇宙戦略室と宇宙政策委員会の設置が２０１２年――。

スペースＸがアグレッシブな技術開発で今までに存在しなかった新たな宇宙機を開発し、その技術力で世界の宇宙開発シーンをぐいぐいと変革しはじめた、まさにそのタイミングで、日本は「これまでの日本は技術開発偏重だった、これからは宇宙利用だ」と、体制改革と権力闘争に時間を費やし、新たな技術開発を抑圧してしまったのである。

第5章　日本の宇宙開発はこれからどこに向かうべきか

新体制の目玉、準天頂衛星システム

２００８年８月に施行された宇宙基本法と共に、日本の宇宙開発はそれまでの文部科学省を中心とした体制から内閣府を中心とした体制へと移行した。移行作業には４年かかり、２０１２年７月に、内閣府・宇宙戦略室と、審議機関の宇宙政策委員会が設立された。

もちろんこの４年間の間、新体制がなにもしなかったわけではなかった。最初に動いたのが、新たな〝宇宙政策の司令塔〟たる内閣府が管轄する、独自の宇宙政策の立ち上げだった。

内閣府の目玉として選択されたのが「準天頂衛星システム（ＱＺＳＳ：Quasi-Zenith Satellite System）」だった。

準天頂衛星システムは、自分の位置を知る測位衛星システムの一種だ。アメリカの「ＧＰＳ（Global Positioning System）」、欧州の「ガリレオ」、ロシアの「ＧＬＯＮＡＳＳ」、中国の「北斗」、インドの「ＮａｖＩＣ」など、世界では各種の測位衛星システムが運用されている。準天頂衛星システムは、日本独自の測位衛星システムという位置付けになる。

このうち、ＧＰＳ、ガリレオ、ＧＬＯＮＡＳＳ、北斗は、全世界での測位を可能にする世界システムであり、ＮａｖＩＣと準天頂衛星システムは、それぞれインド周辺、日本周辺での測位を行う地域システムである。

ＧＰＳ以下の世界システムは24～50機の衛星を、主に高度２万㎞の軌道に地球を覆うようにして配置し、測位信号を送信する。測位衛星システムは、３機以上の衛星から信号を受信して、自分の位置を計算する。３機の衛星は、空になるべく大きな三角形で配置されているほうが測位精度は良くなる。他方で、衛星は地形や建築物に電波が遮られないように、天頂に近いほうが望ましい。そのような衛星の位置関係を実現するのが、この「24～50機、高度２万㎞の軌道」という衛星配置である。

対して、地域システムのＮａｖＩＣは、インド亜大陸の東側、真上、西側の赤道上空、静止軌道に衛星各１機。さらに静止軌道と同じ24時間周期、ただし赤道上空ではなく軌道が傾いた対地同期軌道という軌道で、インド亜大陸の東側と西側に各２機、合計７機の衛星を配置している。これもまた、「空になるべく大きな三角の配置で衛星が見える」ようにするためだ。

ところが、準天頂衛星システムは、それとはまったく異なる衛星の配置をしている。それは技術とビジネスの失敗、政治と行政内の権限争いが絡まり合った結果であった。

準天頂衛星システムは、民間ビジネスの後片付けとして始まった

まず準天頂衛星システムが使用する準天頂衛星軌道を説明する必要があるだろう。

準天頂衛星軌道は、赤道に対する軌道の傾き（軌道傾斜角）が40度、もっとも地表に近い近地点高度が3万2000km、遠地点高度が4万kmの軌道だ。この軌道は静止軌道と同じく軌道周期が地球の自転と一致している。遠地点では衛星は遅く、近地点では衛星は速く動くので、そのような衛星は地球から見て、1日に1回ちょうど空に大きな8の字を描いて移動するように見える。

このような軌道で、遠地点と近地点の経度を日本と同じ東経135度とし、しかも遠地点が日本上空に来るようにする。

すると、衛星はほぼ毎日8時間は、日本の真上に滞在することになる。そんな衛星から電波を地表に落とすと、電波は地形や建築物で遮蔽（しゃへい）されることなく、地上に真っすぐ届く。3機の衛星を、この準天頂軌道に打ち上げて、8時間ずつかわりばんこに日本の直上に回ってくるようにすると、日本全土に真上から24時間いつでも電波を落とすことが可能になる。

機能としては静止衛星と同じ「空の一点から地表に電波を落とす」だが、静止衛星の場合、中緯度にある日本からは、空の南側に見える形になる。このため、地形や建築物で電波が遮られてしまうことがある。準天頂軌道を使えば、中緯度の日本であっても真上から電波を落とせるわけだ。

準天頂軌道は１９８０年代に考案され、当初は通信・放送衛星での利用が検討されていた。衛星側に感度の高い大型アンテナと電話交換機を搭載して、携帯電話端末が直接衛星経由で通話を行う衛星携帯電話システムや、真上から電波を落とすので電波が途切れにくいという利点を生かしての自動車、列車、航空機などへの移動体通信・移動体放送サービスなど、いくつかの事業形態が有望とされ、２００１年には経済団体連合会（経団連）が、準天頂軌道を利用したビジネス展開を提言。２００２年には三菱電機、日立製作所、トヨタ自動車などが出資して準天頂衛星を使った通信・放送サービスに向けた事業検討を行う新衛星システム株式会社が設立された。

しかし、このビジネスはうまくいかず、同社は2007年8月に解散してしまった。

準天頂衛星システムのもたらす利便は、「空の一点から電波を落とす」ということだ。

基本的に静止衛星と同じである。

静止軌道に対する優位性は、「その1点が天頂である」ということだ。そのかわり、準天頂衛星システムは3機の衛星を必要とする。つまり、準天頂衛星システムを使うビジネスは、静止衛星ビジネスの3倍のインフラ投資が必要となる。だから、ビジネスとしては3倍の値付けができなければ、割に合わない。

新衛星ビジネス株式会社は、真上から電波を落とすことによる、電波の途切れにくさを生かして、移動体通信・移動体放送をビジネス化しようとした。が、移動体での通信・放送に3倍の価値を認める消費層はいなかったのである。

とはいえ、ここまで動いてしまった構想を「失敗でした」と引っこめることは、日本社会ではできなかった。一応衛星を打ち上げて、「技術的成果は上げました（しかしビジネスになりませんでした）」という形に収めて計画を終息させたい。結果、後片付けは、JAXAの技術者に投げられた。「なんでもいい。なにか準天頂軌道の利用法を考えろ」。

その結果出てきたのが、「アメリカのGPSを日本周辺で使いやすくするための補完衛星を準天頂軌道に打ち上げる」という構想だったのである。

測位衛星ではなく「衛星測位を日本地域に限って補完する衛星」

ＧＰＳは24機の衛星を、６機ずつ４つの軌道面に配置している。すると、地球のどこにいても、いつでも最低３機の衛星からの測位信号が受信できる。が、これは地球が完全な球形と仮定した場合だ。実際には山のような地形や、樹木、建築物などによって電波が遮蔽されて、いつでも最適な３機の衛星から電波が受信できるとは限らない。実際、高層建築物の多い都市部では、電波受信ができなくなるという可能性がそれなりに高い。

そこで、準天頂軌道に、ＧＰＳ互換の測位信号を送信する衛星を打ち上げる。すると、日本ではかならず真上にＧＰＳ衛星がいるのと同じ状態になる。真上からの電波は遮られにくいので、測位が容易になる。日本国内では測位が一層便利に使えるというわけである。

ここで気をつけるべきは、準天頂衛星３機で24時間常時測位信号を送信しても、それだけで測位が可能というわけではない、ということだ。測位をするためにはアメリカのＧＰＳ衛星が必要――あくまで測位補完システムであり、独立した測位衛星システムではないのである。

測位衛星は、世界的に国が投資し、運用している。測位衛星システムは元々が大陸間弾道ミサイルを正確に目標に命中させるために開発された仕組みなので、国が受け持つべき安全保障システムの一環という位置付けなのである。つまり通信・放送用途と異なり、民間ビジネスとしての収益性を気にする必要はない。

この結果、測位信号を送信する実証衛星「みちびき」が開発されることになった。開発するのは実証衛星1機だけ。1機だけならサービスが提供できるのは1日8時間だけだ。技術開発のための試験には十分だが、実利用するには不十分である。

もともと新衛星ビジネス株式会社の後始末だから、みちびきはあまり期待されていなかった。「技術試験をして、成果がありました」となれば、それで新衛星ビジネスの幕引きとしては十分なのである。開発開始時点で、3機体制による24時間運用が実現すると考えていた者は、ほとんどいなかったのではなかろうか。

1990年のスーパー301による日米合意以降の通例として、みちびきはJAXAが開発する技術試験衛星として計画が動き出した。

これを、内閣府に出向した経産省官僚が、対文科省の権限争いの道具として拾った。

権限争いの道具としての準天頂衛星システム

対文科省シフトで内閣府に集められた経産省官僚の第一の任務は、文科省マターの宇宙計画を〝内閣府新体制の目玉〟として内閣府に召し上げ、付け替えることだった。もちろん文科省は頑強に抵抗する。だから、召し上げにあたっては文科省が反論できない大義名分が必要だ。

準天頂衛星システムはその条件を満たしていた。

「測位衛星システムは、日本国にとって安全保障における重要な宇宙インフラだ。その利用は、文科省だけではなく、すべての官庁に広がる。そのような重要分野は、文部科学行政を担う文科省が持つべきではなく、政策全分野にわたっての調整機能を担う内閣府が持つべきである」

このようなロジックで、内閣府は準天頂衛星システムを文科省から内閣府に付け替えることに成功した。

準天頂衛星システムには、内閣府にとってもうひとつの利点があった。測位衛星システムは、インフラを国が整備し、官民がそのインフラを利用するという形態であったことだ。内閣府の新体制は「技術開発のために自己目的化した技術開発ではなく、社会に宇宙の利用を推進する」という方向で動いていた。内閣府がインフラとしての準天頂衛星システムを整備し、各官庁が利用し、民間も利用する——つまり新たな宇宙政策の方針として打ち出した宇宙利用にとって、衛星測位を担う準天頂衛星は格好のモデルケースだったのだ。

衛星1機の技術試験で終わるはずだったみちびきは、一躍内閣府が管轄する国の重要宇宙政策に格上げされた。システムは静止衛星1機を追加した4機体制となり、将来的には、静止衛星1機、若干軌道傾斜角をつけた準静止軌道に1機、そして準天頂軌道に1機を加えた7機体制に拡充されることになった。7機になると日本からは常時3機以上が見えることになるので、日本及び日本近海ではみちびきの衛星のみを使った測位が可能になる。つまりこれで、インドのＮａｖＩＣのような日本独自の測位衛星システムになる。加えて、東南アジア、インドネシア、フィリピン、オーストラリアなどもみちびきによる本格的な恩恵を受けることになる。

その後、さらに衛星を4機追加した11機体制の検討もスタートした。追加の4機は、2機ずつペアになり、日本の東側と西側を南北に巡る準天頂軌道に入る。11機体制になると、太平洋西半分から中国・東南アジア、インドネシア、フィリピン、そして南半球オーストラリアまでがみちびき衛星のみによる測位が可能になる。

「日本におけるアメリカのＧＰＳを使った衛星測位を補完する」という目的で始まったみ

ちびきは、当初目的をはるかに超えたインドのＮａｖＩＣと同等の、東南アジア、西太平洋地域を覆う地域測位衛星システムへと拡張されつつあるわけだ。

奇妙な言い方に思えるかもしれないが、地域測位システムとしての準天頂衛星システムのサービス範囲は、かつての大東亜共栄圏と重なる。

これは当たり前なのだ。そもそもが大陸間弾道ミサイルのためのシステムとして始まった測位衛星システムは、その有用性から経済活動に必要不可欠な宇宙インフラになった。だから測位サービスの提供範囲は国際的な覇権の主張とそのまま重なる。それ故アメリカ、ロシア、欧州、中国は世界システムを展開し、インドは地域システムを展開するのである。大東亜共栄圏から美辞麗句と偽善の政治的ニュアンスを抜き取れば、それはアジア太平洋地域での日本の経済的存在感そのものということになる。それは当然、日本が展開する測位衛星システム――準天頂衛星システムのサービス範囲と重なる。

みちびきを巡る動きには、総理府・宇宙開発委員会の体制から変わらぬ、日本の宇宙開発体制の宿痾（しゅくあ）を見て取ることができる。

まず、測位衛星システムを日本という国としてどう考え、どう扱うかという政治的意志の不在だ。

アメリカと旧ソ連は、大陸間弾道ミサイルをより正確に目標に命中させるために測位衛星システムの開発を始めた。戦略型潜水艦から大陸間弾道ミサイルを発射する際、潜水艦自身の正確な位置が分からなければ、それだけミサイルの照準は不正確になってしまう。世界のどの海にいても正確な位置が分かる仕組み――そこで衛星を使う測位衛星システムの開発が始まった。やがて測位衛星システムは航空機の三次元的な位置を測定するのにも使えるようになった。

何十機もの衛星で構成される測位衛星システムを構築するコストは莫大なもので、おいそれと民間が手を出せるものではない。初期は民間利用といっても、安全保障用途のついでに、一部がお情けで民間に開放されていただけだった。それが、ムーアの法則による半導体技術の指数関数的進歩により、受信機は小型化し、カーナビゲーションに使われるようになった。

ここでミサイルから離れた、測位衛星システムの民生利用の可能性が拓けた。その利用価値は非常に大きかった。単なるナビゲーションのみならず、物流の合理化や、鉄道のような大規模交通インフラ運用の効率化など、経済効果が非常に大きかったのだ。

そのようなシステムをアメリカとロシアに独占させておけば、政治的自律性が損なわれ、しかも経済的に後れをとることになると、欧州、中国、インドが独自システムの開発を開始した。

日本でも、20世紀末から独自の測位衛星システムの必要性が議論されるようになった。が、政治は一貫して無関心で、なにもしなかった。その中で、新衛星ビジネス株式会社の失敗を使って、やっと国の計画に割り込んだのが、「独自に測位するのではなく、アメリカのＧＰＳを日本地域に限って補完する」という初代みちびきの技術実証だった。

それが、内閣府の宇宙新体制の始動に伴い、経産省と文科省の確執で一気に国の最重要施策としての扱いを受けるようになった。

つまり、閣僚全員で構成する宇宙開発戦略本部を作り、政治が宇宙政策にきちんとコミットする形を作り上げたものの、その実態は旧総理府・宇宙開発委員会と同じなりゆき任せの政治不在のままだということだ。

日本が測位衛星システムを持つか否かという高度に政治的な課題は、政治が全く違う方向から推進した新体制――その体制を始動する中で発生した官庁間の権限を巡る綱引きから、まさにヒョウタンからコマの形で、「日本は測位衛星システムを持つ」という形で起動したのである。

そのため、準天頂衛星システムは、測位衛星システムとしては技術的に歪(ゆが)みがある。そもそもなぜ、諸外国のシステムが全世界システムでは「高度2万㎞の多数の衛星」、地域システムでは「静止衛星と対地同期軌道の衛星の組み合わせ」なのかといえば、それが技術的な最適解だからだ。準天頂軌道は「日本に限ってGPSを補完するのに好適な軌道」であって、「地域測位衛星システムを組むのに最適な軌道」ではないのである。地域測位衛星を目指すなら、カバーする地域内に平等に利便を提供する必要がある。が、そもそも準天頂軌道は、日本上空に長時間滞空する。換言すれば日本に偏重してサービスを提供するための軌道である。地域測位衛星システムを組むならば、インドのＮａｖＩＣの衛星配置が最適解となる。

準天頂衛星システムが、11機体制になり、地域測位システムとしての形を整えた時点での衛星配置を見ると、北半球偏重になることに気が付く。そもそも準天頂軌道が日本に集中してサービスを提供するための軌道なので、当然そうなる。

が、準天頂衛星システムを、西太平洋からアジア東部、オーストラリアをカバーする地域測位システムとして見ると、南半球のカバーが手薄になる。これは国際覇権の象徴としての地域測位衛星システムとしては欠点となる。

最初から地域測位衛星システムを目指すなら、インドのＮａｖＩＣと同じ衛星配置を採用するべきだったのである。

また、準天頂衛星は、日本上空を高度４万㎞で通過する。これはＧＰＳやＧＬＯＮＡＳＳが利用する高度２万㎞の軌道の２倍だ。電波は距離の二乗に比例して減衰する。このため、みちびき衛星はＧＰＳ衛星などと同等の強度の測位信号を地表に送信するために、出力４倍の送信機を搭載しなくてはいけない。より大きく重い高出力の送信機を、遠地点高度４万㎞のより高い軌道に投入しなくてはいけないわけだ。それは、そのまま測位衛星インフラを更新維持するコストの増加に直結する。

それでも内閣府が準天頂衛星システムを、日本の宇宙新体制の重要施策に位置付けたのは、内閣府に集められた経産省出向組にとって、新体制を構築するにあたって対文科省の有力なカードになったからだ。つまり官庁間の権限の綱引きが第一であって、測位衛星システムとしての有用性、技術的メリット・デメリット、あるいは国際的な覇権のような政治上の不利益は、二の次だったということである。

新体制構築にあたっては「宇宙を政治のツールとする」ということがしきりと主張されたが、できあがったみれば、ツールもなにも、旧態依然とした官庁間の綱引きで物事が決まっていったのである。そこでは技術的な良し悪しがきちんと議論されないということもまた、以前との変化はなかった。

おそらく内閣府の本音としては、「だって政治不在の中、こうしなければ日本が地域測位衛星システムの構築に踏み出すことはできなかった」といったところだろう。が、このような官庁間の綱引きにひっかけなければ、地域測位衛星システムの構築のような高度に政治的決断が本来必要な意志決定ができないというなら、それ自身が日本という国のガバナンスの欠陥を象徴していると言わねばならない。

もうひとつの目玉となった情報収集衛星

準天頂衛星システムと共に「宇宙技術の開発から宇宙利用へ」という新体制の目玉となったのは、1998年に北朝鮮のテポドン発射に刺激され、急遽（きゅうきょ）立ち上がった偵察衛星システムである「情報収集衛星（ＩＧＳ）」だった。

ＩＧＳは内閣府ではなく、内閣官房にある内閣衛星情報センターの管轄である。内閣府と内閣官房は、内閣府が省庁横断の国家的な総合戦略の立案と施策、内閣官房は内閣総理大臣に密着した政治のサポートという役割分担をしている。内閣総理大臣及び内閣をサポートするのが内閣官房で、内閣の政治的意志を受けて官庁を束ねるのが内閣府という位置付けだ。つまり、情報収集衛星は、内閣総理大臣及び内閣の政治的意志決定のための情報を衛星からの撮像により取得し、分析の上で、内閣総理大臣及び内閣に提供するという機能を持っている。情報収集の目的は「外交・防衛等の安全保障及び大規模災害等への対応等」と規定されている。

情報収集衛星は安全保障絡みの宇宙インフラという理由から、その詳細は秘匿されている。

これまでに、光で地表を観測する光学衛星が８機、レーダーで電波を使って地表を観測するレーダー衛星が８機打ち上げられてきた。２０２４年5月現在、光学衛星４機、レーダー衛星６機が軌道上で稼働していると推定されている。

この他に新技術開発が目的の技術試験衛星が2機打ち上げられ、軌道上で運用された実績がある。

衛星へのコマンド送信や、観測データの受信は、北海道苫小牧市、茨城県行方市、鹿児島県阿久根市の三ヵ所に建設された地上局から行っている。ただし、3ヵ所では容量の大きな地球観測データの受信が間に合わないようで、主に北極圏にある海外の受信局も利用している模様。また、2020年11月には衛星経由でデータを地表に伝送するデータ中継衛星を打ち上げて運用しており、少なくとも最新の衛星は衛星間通信装置を搭載しているようだ。

1998年の計画立ち上げ以降の年度ごとの予算は公開されており、ほぼ毎年800億円が予算化される、日本政府が動かす最大の宇宙計画となっている。

情報収集衛星の最大の問題点は、日本最大の宇宙計画であるにもかかわらず安全保障用途という名目で、そのほとんどが秘匿されて表に出てこないということだ。情報収集衛星計画もまた新体制では、内閣府・宇宙政策委員会で審議されるが、この審議も非公開である。継続的に取得し続けている撮像データも、2014年に施行された秘密保護法による秘密指定を受けて非公開となっている。

衛星の形状、センサーの性能も非公開。運用する軌道も非公開。種子島宇宙センターは通常、ウェブカムで射場風景をネット公開しているが、情報収集衛星打ち上げ期間に入ると、これも非公開になる。もちろん打ち上げ状況のネット中継もない。

安全保障用途なので非公開というのは、一見正しい政策に思えるが、冷戦が１９９１年に終結してすでに33年が経過した現在、秘匿の意味はかつてと大きく変化している。

冷戦時代、アメリカもソ連も偵察衛星の軌道や能力を厳しく秘匿した。なぜなら、相手がどこにどれほどの大陸間弾道ミサイルを配備しているかをどれだけ知ることができるかは、軍縮交渉における重要なカードだったからだ。自分がどこまで知っているかを相手に知られてはいけない。だから秘匿した。

が、冷戦が終わって、軍縮交渉のために秘匿する意味は薄れた。

が、その一方、過去40年で民間の地球観測衛星が長足の進歩を遂げた。現在、米マクサー・テクノロジーズ社や欧州エアバス・ディフェンス・アンド・スペース社の運用する地球観測衛星は、地表の30㎝サイズの物体を見分けられる性能を持つようになっている。これは、冷戦期の偵察衛星を超える。

現在、米商務省は民間地球観測衛星の最高解像度を25cmに制限している。マクサーやエアバスが販売するデータはこの制限を遵守したものだが、他方でデジタル技術の進歩によりデジタル処理による高解像度化が可能になっており、両者ともデジタル高解像度化による分解能15cmのデータも販売している。

現在、アメリカが運用している偵察衛星は、10cmの物体が区別できることが判明している。2019年8月、イラン北部のイマーム・ホメイニ国立宇宙センターで打ち上げ準備作業中だった同国の衛星打ち上げロケット「サフィル」が爆発事故を起こした。この時、当時のトランプ米大統領は、あろうことか報告を受けた爆発現場の偵察衛星画像を、そのまんま自らのTwitterアカウントに掲載するという世紀の椿事(ちんじ)を引き起こした。結果、米国家偵察局(NRO)の偵察衛星が地表の10cmほどの物体を識別できることが、世界中にバレてしまったのだった。

1970年代から80年代にかけて、アメリカの偵察衛星は地上の30cmの物体を識別できた。一方当時の地球観測衛星は30mのものが区別できるだけだった。それから半世紀近く経った今、機密指定の偵察衛星と民間地球観測衛星の能力は最大2倍程度にまで縮まっているのである。

　また、軌道の秘匿や衛星形状の秘匿もあまり意味がなくなった。宇宙から地上が見えるということは地上からも衛星が見えるということである。デジタル撮像技術の進歩により、アマチュア天文家が扱う機材で、地球周回軌道の衛星を観測できるようになった。また、パソコンが進歩したことで、観測データからの軌道の計算も容易になり、しかもネットでデータが共有されるようになった。軌道データが分かれば衛星が見えるタイミングが計算できるので、機材をスタンバイさせて待ち構えれば衛星の姿を地上から撮影できる。

　サテライトウォッチングは確立した趣味となり、今や世界中のサテライトウォッチャーがネットで情報を交換しつつ、〝レアものキャラ〟である偵察衛星を追いかけるようになっている。２０１０年９月にはアメリカのアマチュア天文家が、情報非公開の偵察衛星「ＵＳＡ－１２９」の撮影に成功し、その形状が明らかになっている。

　このような状況の変化を受けて、ＮＲＯが運用する偵察衛星の秘匿の度合も、変化している。出てくる様々な情報は肯定も否定もしない。打ち上げは秘匿できないのでネット中継も行う。ただし、軌道が分かってしまう第１段と第２段の分離後の中継は行わないというように、状況の変化に応じ、情報公開の度合を対応させているのだ。

ところが日本の情報収集衛星は、今でも冷戦期のアメリカ並みの情報秘匿を続けている。その中には、状況の変化により無意味となった秘匿も含まれる。これは、内閣衛星情報センターが、自ら状況の変化に能動的に対応するのでなく、思考停止のまま機械的に前例を踏襲していることを示唆する。もしそうならば、ひとつ間違えば情報漏洩を機械的に見過ごすということにもつながる。情報を扱う部局にとって致命的だ。

情報収集衛星のより大きな問題は、「外交・防衛等の安全保障及び大規模災害等への対応等」と目的に記されているにもかかわらず、大規模災害等への対応がおざなりであることだ。２００３年の最初の打ち上げ以降、長い間情報収集衛星の取得画像は非公開で、分析データが大規模災害で利用されたかどうかも不明だった。

２０１１年３月の東日本大震災の際、学識経験者らが「ここまでの大規模災害なのだから」と情報収集衛星の取得画像の公開を当時の菅直人首相に進言しようとしたことがあったが、直後に福島第一原子力発電所の事故が発生し、首相がそちらに忙殺されたために不発に終わってしまった。

２０１３年以降、一部分析結果が内閣衛星情報センターのホームページに掲載されるようになった。2015年7月には「大規模災害時等における情報収集衛星画像に基づく加工処理画像の公開について」というデータ・ポリシーが公表されて、衛星性能を推定されないような加工をうけた画像が、一部公開されるようになった。

しかしその頻度は低く画像枚数は少なく、タイミングも発災からしばらく経ってからであり、時期を外してしまっている。

大規模災害では発災から72時間が人命救助のタイムリミットとなる。そのために衛星観測データを役に立てるには、どんなに遅くとも24時間以内には救助現場で実際に使える形に加工された情報が、救助隊の手元に届いている必要がある。が、例えば2024年1月1日に発生した能登半島地震の衛星撮像データが、内閣衛星情報センターのホームページに掲載されたのは1月11日であった。それ以前に分析データが内閣に伝えられ、適切に役立てられたのかは、機密の壁の向こうの話となり、国民からは見えない。

内閣衛星情報センターにとって、本来目的であるはずの「大規模災害等への対応」は、あたかも「余計な業務」であり、現在の情報公開体制は、「ほら、この通り公開していますよ」という言い訳作りとみられても仕方のない不熱心さであり、おざなりさである。

内閣府を中心とした現体制では、情報収集衛星関連の施策も内閣府・宇宙政策委員会で審議される。が、情報収集衛星関連の審議は非公開で資料も議事録も公開されない。

日本最大の宇宙計画である情報収集衛星は、現状では機密の壁の向こうで国民に情報が公開されることなく推進されている。その機密のありようは冷戦期のアメリカを模したものであり、その後の状況の変化に対応したものではない。それをただすはずの宇宙政策委員会での議論もまた、秘匿されており、外部からのフィードバックがかからない状況になっている。

宇宙政策委員会は傍聴不可、審議は非公開

その宇宙政策委員会の情報公開の状況だが、総理府・宇宙開発委員会及び、その後身の文科省・宇宙開発委員会から大きく後退した。審議が傍聴できないのである。

総理府・宇宙開発委員会は発足から1980年代までは非公開だった。それが1990年代に入ると情報公開の流れに乗って原則傍聴可能となった。1998年に情報収集衛星計画が立ち上がった際の宇宙開発委員会は傍聴可能で、実際自分は傍聴している。

その後しばらく傍聴制度を利用するのは、宇宙関連メーカー関係者及びマスコミという状態が続いたが、２０００年代後半になって大きな変化が起きた。２００５年秋、ＪＡＸＡの小惑星探査機「はやぶさ」が小惑星イトカワのサンプル採取に挑み、その劇的な状況が国民的関心を呼び起こした。その後、後継探査機「はやぶさ２」の予算化が難航。すると、はやぶさに強い興味を持った一般人の中から、宇宙開発委員会を傍聴する者が現れたのである。彼らは、傍聴内容をネットに書き込むようになり、そこから一般の日本の宇宙政策への理解が進んだ。

内閣府を中心とした新体制の立ち上げに伴い、宇宙開発委員会は２０１２年７月に廃止された。しかし後継の内閣府・宇宙政策委員会は非公開となってしまった。非公開になるにあたっては、宇宙政策委員会の初代委員長を務めた故・葛西敬之（よしゆき）ＪＲ東海名誉会長の強い意向が働いたと、私は聞いている。葛西氏は１９８０年代に国鉄幹部として政治と結びつき、国鉄民営化を進めた人物であり、密室での意志決定を最高の方法と考えていたようである。宇宙政策委員会発足当時の内閣府官僚の説明は「資料も議事録もネット公開するのだから実質公開と同じでしょう」というものだったが、資料も議事録も公開は遅く、情報流通に携わる者としてはかなりフラストレーションが溜まることとなった。議事録作成には時間がかかるのは理解するが、会議前に事前に用意する資料は、会議終了後速やかに公開するのが筋というものである。

なによりも日本の宇宙開発にとって痛かったのは、はやぶさとはやぶさ2を契機として育ち始めた、国の宇宙政策に対する一般の興味が、委員会の非公開化によって途切れてしまったということだろう。

2024年現在、文部科学省が立ち上げた宇宙開発利用部会は基本的にネット経由で傍聴可能になっている。機密、あるいは宇宙メーカーの企業秘密に関わる事項は非公開にするという柔軟な運用を行って、情報公開と安全保障とをうまく両立している。また、総務省が必要に応じて立ち上げる宇宙関連の会合も、その多くは傍聴可能だ。

その結果、社会全体の認知、あるいは存在感としては、非公開の宇宙政策委員会が沈み、傍聴が可能な宇宙開発利用部会のほうが広く認知されるという事態になっている。日本の場合、大抵の宇宙計画はJAXAや研究開発、宇宙利用の現場からボトムアップで上がっていくので、宇宙政策委員会の審議に先行して、宇宙開発利用部会で審議される。そこでの議論が公開されているので、メディアへの露出は宇宙開発利用部会に出たタイミングということになる。すると、その後の正式決定である宇宙政策委員会での審議の印象が霞(かす)んでしまうのである。

７年遅れたＨ３ロケット

前述したように内閣府を中心とした新体制の方針は「自己目的化した技術開発のための技術開発から、政策のためのツールとしての宇宙利用へ」だった。利用の目玉が、準天頂衛星システムであり情報収集衛星である。そのために内閣府は「宇宙開発」という言葉を使うのを避けるようになった。代わって使うようになったのが「宇宙開発利用」である。

従来科学技術庁、そして文部科学省が主導してきた技術開発・研究開発は、「自己目的化している」と忌避（きひ）された。

が、前章の最後で触れたように、日本は、スペースＸに代表されるように世界が一気に技術開発へと向かうタイミングで体制改革と技術改革の忌避へと突き進んでしまった。その結果起きたのが、世界の最先端からの脱落である。

もともと科学技術庁を中心とした技術開発は、遅れている日本の宇宙利用体制を技術面から世界最先端に押し上げるためのものであった。１９９０年代から２０００年代にかけて、ロケットではH－Ⅱ／H－ⅡA、そして科学衛星打ち上げ用のM－V、衛星では技術試験衛星6型「きく6号」で、どうやらその時点での世界の最先端に手が届いた。本当はその先に、最先端技術を産業化して世界に売っていくビジネス展開を考えていたわけだが、それは1990年に政治がスーパー301の対米通商交渉で、衛星産業をアメリカに人身御供として差し出した結果、挫折した。通商交渉の結果、日本の宇宙開発は技術開発に限定されてしまい、どんな衛星計画も「技術試験衛星」という名目で開発せざるを得なくなった。それが「技術開発のための技術開発をしている」と政治の不興を買い、内閣府中心の体制改革につながった。旧科技庁からみれば、政治から踏んだり蹴ったりの扱いを受けたわけである。

H－ⅡA後継の新ロケットは2010年くらいには開発を始めるという前提で検討が進んでいた。しかし2008年の宇宙基本法施行によって新体制の中心となった内閣府は「H－ⅡA後継ロケットの開発などもってのほか」という態度だった。「すでにあるH－ⅡAを大量生産で低価格化して年間打ち上げ数を増やせば、新しいロケットの開発など不要」というわけである。

ロケットのような宇宙輸送系は宇宙開発（彼らの言い方を使うなら「宇宙開発利用」）

に不可欠だが、それ自身は宇宙利用に直接つながるものではない。最先端の技術は不要でコストが安ければそれでいい。その意味では「大量生産で安くすればいい」というのも一理ある。

しかし、内閣府は2つのことを見落としていた。ひとつは、「技術というものは開発を続けていなければ簡単に失われるものだ」ということである。

日本は１９８５年から94年にかけて完全な新型ロケットＨ－Ⅱを開発した。その後Ｈ－Ⅱの低コスト版Ｈ－ⅡＡと、打ち上げ能力増強版のＨ－ⅡＢを開発したが、共に完全新規開発ではなかった。そしてＨ－Ⅱでロケットの新規開発を経験した技術者は２０１０年代半ば以降、順次引退していく。このままいけば、経験者から若い技術者への技術継承ができず、日本はせっかく獲得した技術を喪失することになる――。

もうひとつは、「革新的技術の開発次第では、従来では不可能なほどの低コスト化と大量打ち上げが可能になる」ということだった。２００７年にファルコン１ロケットの打ち上げに成功した米スペースＸ社は、ファルコン９ロケットの開発に取りかかっており、しかも第1段を再利用しようとしていたが、内閣府の視野にスペースＸの野心は入っていなかった。

ただしこれを全面的な内閣府の失策とするのは若干酷ともいえる。というのも、2008年から10年の段階では、日本だけでなく欧州もまた、スペースXを甘く見ていたからである。前述した通り、当時欧州では、スペースXに関して「お手並み拝見」、もっと露骨に言えば「宇宙は甘くないぞ。やれるもんならやってみろ」という雰囲気だった。

新ロケット開発に向けた議論は、2012年7月の新体制本格始動から始まったが、内閣府が宇宙利用に固執した結果、1年遅れた。JAXAと産業界は「ここでロケットを新規開発しないと、日本から技術が失われる」と訴え、やっと2014年から新ロケット「H3」の開発が始まった。最初2010年頃に開発開始という想定からは4年遅れである。技術継承という点では、首の皮一枚、ぎりぎりのところでなんとかつながったというタイミングだった。

H3は当初2020年初号機打ち上げ予定だったが、新規開発の第1段主エンジン「LE-9」の開発が難航して2年延びた。加えて、2023年3月の初号機打ち上げが失敗し、原因究明と対策に1年をかけ、2024年2月、2号機が打ち上げに成功した。ここでの遅延が3年。着手までの遅延6年を加えると当初想定より7年遅れたことになる。

その間に、スペースXは、ファルコン9の第1段の再利用を達成し、再利用による打ち上げ機会増大を使って従来とは桁違いの衛星数の通信衛星コンステレーション「スターリンク」の打ち上げを始め、さらに超巨大なスターシップの開発に手を付け――技術開発を突き詰めることで、それまでの世界の宇宙開発をひっくり返してしまったのである。

追いつき、また引き離された衛星技術

日本の宇宙技術の立ち遅れは、ロケットだけではない。過去、日本はNASDA、そして後身のJAXAの技術試験衛星シリーズで、静止衛星技術の底上げを図り、1994年打ち上げの技術試験衛星6型「きく6号（ETS－Ⅵ）」で、当時の世界の主流になりつつあった静止軌道初期重量2トン級の静止衛星技術を手に入れた。続く「きく7号」（1997年打ち上げ）は、ランデブー・ドッキングと宇宙ロボットの試験衛星で、ここで開発した技術は国際宇宙ステーション（ISS）への、物資補給船「こうのとり（HTV）」のランデブー・ドッキングに活用された。

次の「きく8号（ETS－Ⅷ）」（2006年打ち上げ）は、さらに大型の静止軌道初期重量3トン級の静止衛星技術を取得するために開発された。きく8号で得られた衛星の基

本技術はその後三菱電機に移転されて、気象衛星「ひまわり7、8、9号」、準天頂衛星「みちびき」各号に使用された。

が、ここで体制改革が始まって、技術試験衛星シリーズは内閣府の技術開発への攻撃のため停滞してしまった。

最新の技術試験衛星9号機（呼び方が変わった）の開発が立ち上がったのは、2016年だった。この時点ですでに「きく8号」打ち上げから10年空いてしまっている。きく8号は、1997年に開発が始まっているので、そこから計算すると実に19年振りの技術試験衛星ということになる。当初は2021年度にH3ロケットで打ち上げる予定だったが、H3の開発遅延に巻き込まれ、2024年の現時点では2025年度打ち上げとなっている。

体制改革と、新体制が宇宙利用に傾斜したことによる、きく8号以降の空白のため、日本の衛星技術はまたも世界から立ち遅れてしまっていた。遅れてしまった技術は大きくは2つ。

ひとつは、完全電化衛星の技術。これは、静止衛星の搭載するスラスターに燃費の良い電気推進を採用するという技術だ。電力で推進剤を噴射する電気推進は、日本も小惑星探査機「はやぶさ」に搭載されたイオンエンジンなどを開発してきたが、完全電化衛星では、イオンエンジンに比べて燃費は悪いが推力が大きいホール・スラスターという形式の電気推進エンジンが使われる。国産ホール・スラスター及び、ホール・スラスターを利用する衛星運用技術が、技術試験衛星９号機の目玉のひとつとなっている。当初は複数基搭載するホール・スラスターのすべてを国産化する予定だったが、間に合わず、国産ホール・スラスターは１基に留めてスラスターの宇宙空間での運用に集中して試験を行い、残るホール・スラスターは海外の宇宙での運用実績のある製品を輸入して利用することになっている。

もうひとつがフルデジタル通信ペイロードだ。通信衛星は、地球からの電波を受信し、増幅して送り返すトランスポンダーという通信装置を搭載する。このトランスポンダーや、アンテナを完全デジタル化する。

これまでの衛星はアンテナからの電波の照射方向、照射範囲、電波の帯域幅（通信容量）などを設計時点で決め打ちして通信装置をハードウエアとして作り込んでいる。打ち上げ後に、通信需要が変化したとしても、もう変更することはできない。

これに対してフルデジタル通信ペイロードは、すべてをソフトウエアで処理する。だから新しいソフトウエアを衛星に送信し、軌道上での運用中にソフトウエアに書き換えることで、軌道上で通信機器の仕様を需要の状況に合わせて変更することができる。

完全電化衛星も、フルデジタル通信ペイロードも、海外では実用化がすでに始まっている。日本の衛星通信会社スカパーＪＳＡＴは、２０２１年３月に欧州エアバス社のＯｎｅＳａｔ型衛星を購入し、「スーパーバード９」という名称で２０２５年に打ち上げる契約を結んでいる。ＯｎｅＳａｔ型衛星は、完全電化衛星かつフルデジタル通信ペイロード搭載である。技術試験衛星９号機の開発アイテムは、すでに国際市場から調達可能なのだ。

きく6号で一度世界に追いついたかに思えた日本の衛星技術は、再度キャッチアップが必要な状況になっているのである。

新体制で進んだ法整備

ここまで、内閣府を中心とした新体制が宇宙利用を前面に押し出した結果の害を見てきた。では、新体制が害があるばかりだったかといえばそうではない。

総理府・宇宙開発委員会の旧体制と、内閣府・宇宙政策委員会の新体制とのもっとも大きな違いは、内閣総理大臣を長とし、内閣閣僚をメンバーとする宇宙開発戦略本部が設置されているということだ。宇宙政策はそのすべてが、宇宙開発戦略本部で決定される。つまり、政治はすべての宇宙政策に責任を持つ。成功したら政治の功績になるし、失敗したら政治の責任となる。

旧体制では、内閣総理大臣の諮問機関である宇宙開発委員会の決定が、そのまま内閣総理大臣の意志として政策になっていた。だから政治は「良きにはからえ」で宇宙政策に無責任でいることができた。新体制では、宇宙開発戦略本部で全閣僚が意志決定に参加するので、「あれは下が勝手にやった」ということはできない。

また、宇宙基本法が制定され、第35条で「政府は、宇宙活動に係る規制その他の宇宙開発利用に関する条約その他の国際約束を実施するために必要な事項等に関する法制の整備を総合的、計画的かつ速やかに実施しなければならない」と規定されたことで、宇宙関連法制の整備が進んだ。

民間の宇宙活動の活発化には法整備が欠かせない。法のない状態では、民間は〝やり放題〟となるので、一見都合が良いように見える。が、その場合はかなりの投資をした後で、国から「待った」がかかる危険性がある。これでは、思い切った投資はできない。

民間の宇宙活動はこうするべきという法律が施行されて、初めて民間は安心して投資することができるようになる。ただし、民間の宇宙活動を規制し阻害するような法律ができてしまうと、民間は萎縮（いしゅく）してしまう。だから法案の作成段階から、民間からの意見を吸い上げ、無秩序にならぬよう、かつ民間が積極的に投資しやすいような法律を作る必要がある。

日本の民間宇宙活動は2000年代後半から徐々に活発化した。かつてはNASDAや宇宙研、航空宇宙技術研究所といった、国の機関と取り引きのある大企業のみが宇宙分野の仕事をしていたが、キューブサットのような大学衛星、さらには大学での小型ロケット研究が盛り上がったことから、2000年代後半からそれらの教育を受けた者、及び大企業や大学で長年経験を積んで退職したシニアが宇宙分野で起業する例が相次いだ。

2005年に、三菱重工や九州大学をリタイアした技術者・研究者らが衛星ベンチャーのQPS研究所を、2008年に、東京大学・東京工業大学でキューブサットの開発を経験した者らが、衛星ベンチャーのアクセルスペースを起業。また、キヤノン電子やソニーなどの大手電機メーカーも、超小型衛星の盛り上がりを背景に衛星開発に参入するようになった。

この流れは、ロケットなど宇宙輸送系でも同じだった。２００５年には、後年ロケットベンチャーのインターステラテクノロジズへと発展する有志の任意団体「なつのロケット団」がロケットの開発を開始、２００７年にはパルスデトネーションエンジンという新しい形式のロケットエンジンの実用化を目指すＰＤエアロスペースが起業した。

宇宙基本法が国に法整備を義務付けたことで、内閣府・宇宙政策委員会が、ステークホルダーからの意見を十分に採り入れて法整備に向けて動く基盤ができあがった。その結果、衛星の打ち上げと運用を規定する「人工衛星等の打上げ及び人工衛星の管理に関する法律（宇宙活動法）」が２０２２年6月に、衛星を使った地球観測で得られたデータの取り扱いに関する「衛星リモートセンシング記録の適正な取扱いの確保に関する法律（リモートセンシング法）」が２０２３年6月に、それぞれ施行された。

新たな補助金政策「宇宙戦略基金」

前章で、スペースXの発展を支えたアメリカの補助金制度を説明した。アメリカは、

２０００年代後半からのＣＯＴＳ、ＣＣＤｅＶという２つの大規模補助金計画が成功したことで、それまでの「国が主体となって基本の技術開発から実際の宇宙活動までの宇宙計画を実施する」から、「補助金を出して民間に技術を開発させ、国はユーザーとして民間が販売する宇宙活動をサービスとして購入する」という方向に舵を切りつつある。補助金でスペースＸのような新たな企業が成長すれば、それは国力の源泉となる。ボーイングに代表される従来の航空宇宙産業に護送船団方式で従来型の官需を分配して維持する一方で、挑戦的な補助金計画でニュースペースと呼ばれるベンチャー企業を育成していけば、それだけアメリカの国際競争力は強化されるというわけだ。

日本もまた、アメリカを追う形で２０２４年から「宇宙戦略基金」という補助金計画をスタートさせた。「宇宙関連市場の拡大」「宇宙を利用した地球規模・社会課題解決への貢献」「宇宙における知の探究活動の深化・基盤技術力の強化」という３つの目標を掲げ、基礎研究から実用化に至るまでの幅広い分野に、今後10年間で１兆円の補助金を支出するというものだ。全体は第１期から第３期までに分かれており、最初の第１期では３０２０億円を支出する。文科省分が１５００億円、経産省分が１２６０億円、総務省２６０億円だ。これら３官庁がテーマを選定し、資金を配分。ＪＡＸＡが、事業者選定の実務、選定された事業者の目標の達成状況の監査などの、補助金計画のマネジメントを担当する。

選定された分野を見ていくと、かなり幅が広く、２００８年以降の体制改革と宇宙利用の15年間で立ち遅れてしまった日本の宇宙技術を底上げしようとする意志を見て取ることができる。

日本の宇宙開発は、１９５５年のペンシルロケット発射実験を起点とするならば、１９９０年までが「創生と成長」、スーパー３０１から中央官庁統合、宇宙三機関統合によるＪＡＸＡ発足を経て、２００８年の宇宙基本法制定までが「停滞と混乱」、宇宙基本法制定から内閣府を中心とした体制の発足と宇宙利用の推進を「利用への傾斜と技術開発の停滞・遅滞」、と3期に分けることができるだろう。

私は、この「宇宙戦略基金」によって、新たな第４期が始まると考える。第４期にキャッチフレーズを付けるなら「民間宇宙活動の増加」であろうか。

あるいはそう名付けるのは早計かもしれない。10年で総額1兆円という額は一見大きいが、アメリカ政府が宇宙分野に出している補助金に比べると、相変わらず小さい。

１９８０年代以降、日本の宇宙予算は、おおよそＮＡＳＡの１／10、かつアメリカの場合ほぼＮＡＳＡと同額を安全保障分野でも支出しているので、予算総額では１／20という状態が続いてきた。

補助金額で比較しても、スペースＸが、アメリカ主導の有人月面着陸計画「アルテミス」の月着陸機「Human Landing System（ＨＬＳ）」の開発で受け取る補助金はそれだけで35億ドルである。宇宙戦略基金の第1期分の総額を軽く超えるのだ。

日本の宇宙開発は、この絶望的に大きな政府投資の差をひっくり返さねばならない。

「ここまで差があると、ひっくり返すのは無理だ」という意見も出てくるだろう。が、まずひっくり返す意志を持たないことには、そもそも追いつくことすら覚束（おぼつか）ない。１９５５年以来、日本の宇宙開発は「追いつけ追い越せ」で走ってきた。１９９０年頃、一瞬追いついたかに見えた時期があった。が、２０２４年の現在、また「追いつき追い越せ」で走らねばならない状況にある。

ではどうしたらいいのか。

スペースXを駆り立てているのは〝狂気〟だ

彼を知り己を知れば百戦殆からず――は孫子の兵法だが、まず２００２年の起業から20年余りで世界の宇宙開発を根本からひっくり返すまでになったスペースXがどのような企業かを理解する必要がある。

スペースXは普通に考えるような営利企業ではない。

同社のトップに立つイーロン・マスクは経営者ではなく預言者だ。別の言い方をすれば「狂気の人」である。彼には彼にしか見えない確たるビジョンがあり、そのビジョンを実現する手段がスペースXなのである。

火星に人類文明のバックアップを作る――火星植民が彼の目標である。「狂っている」と思われるかもしれないが、スペースXは確実にこの目標に向かって動いている。

まず第一歩として、小さなロケット「ファルコン１」を作る。火星植民にはもっと大きなロケットが必要になる。だから「ファルコン９」を作る。火星植民にはより低コスト、より高頻度にロケットを打ち上げる必要がある。だからファルコン９の第１段を再利用化する。

火星植民のためにはより大きなロケットが必要だ。だから「スターシップ」を開発する。

スターシップ開発には莫大な資金が必要だ。その資金をファルコン9を使って稼ぎ出す必要がある。だから、宇宙利用の中でも確実に利益を生む宇宙通信分野に進出する。それも非常に多くの衛星を打ち上げる必要があるので、これまでうまくいかなかった通信衛星コンステレーション分野に出て行く。それが「スターリンク」だ。その上で、本気で火星を目指す超巨大ロケット「スターシップ」の開発を加速する。スターシップを使えば、より高機能な次世代スターリンク衛星の打ち上げが可能になる……。

これは狂気以外の何物でもない。しかし、この狂気は、その節々で冷静な計算に裏打ちされている。狂気であり妄執であるが故に、スペースXは目的達成のために最適の手段を選択し続けている。彼らの手持ちの技術を検討していくと、そこには技術的な必然性しか存在しない。

「メーカー間で官需を分配して売上を立てる」とか「手持ちの技術が多少最適ではなくても、政治力を発揮して売り込む」とか「計画が遅延しても、その遅延に合わせて予算が大きくなれば、それだけ長期の売り上げが立つから問題はない」といった、今までアメリカの航空宇宙や防衛産業が使ってきた人間社会の手練手管、あるいは価値観は、スペースXには通用しない。

スペースＸはイーロン・マスクの狂気のままに、最善・最適の手段を最短距離で採用して目的に進んでいる。スペースＸが官需でシェアを取るのは、経営者が株主に厚く配当し、多額の報酬を受け取るためではない。火星植民という目標に最短距離で進むために必要となる収益を上げるために過ぎない。

この「驀進（ばくしん）する狂気」に、国際宇宙ステーション（ＩＳＳ）への物資輸送船の補助金計画ＣＯＴＳや、ＩＳＳ乗組員輸送有人宇宙船補助金計画ＣＣＤｅＶ、さらにはアメリカ主導の国際協力による有人月着陸計画「アルテミス」での補助金といった、莫大な補助金が落ちた結果として、今のスペースＸがある。

〝彼らは火星植民という目標に向けて、最善と信じる手段を選択し、最短距離で走ろうとしている〞

そのことを肝に銘じた上で、日本は宇宙政策を進める必要がある。

素速く動くことと、狂気を抱えること

私に確たる方策を示す能力はない。が、いくつかの方向性を提示することはできるだろう。

まず日本の宇宙分野は、アメリカに比べても欧州に比べても中国と比べても小さい。現状では凋落著しいロシアよりも小さい。今、インドは独自有人宇宙飛行計画を着々と進めている。つまり、日本は数年のうちにインドにも追い抜かれたと実感することになろう。それどころか、体制改革の一方で技術開発を抑圧した結果、伸長著しい韓国やアラブ首長国連邦といった宇宙新興国に対する優位も、いつまで続くか分かったものではない。

小さいということは、大きなハンデだ。

が、同時に小さいことの利点もある。素速く動けることだ。

ここで注意しなくてはいけないのは、スペースXは、起業から22年であれほど会社規模が大きくなったにもかかわらず、今もベンチャーの速度で動き続けているということだ。ただ漫然と「小さいから速く動けるに違いない」と思い込むだけでは、スペースXと伍し、

さらには凌駕（りょうが）することはできない。小さいという利点を最大限に発揮することを常に意識して高速の意志決定、高速の技術開発に取り組む必要がある。高速の技術開発には、高速の繰り返しと高速の失敗による高速の経験の蓄積が必須だ。このことは、スペースＸが証明している。その部分は真似をすればいい。

失敗を恐れないことは、特に日本においては大切だ。過去の日本の宇宙開発は、失敗が発生するたびに主にマスメディアから叩かれてきた結果、必要以上に失敗を忌避する習慣が根付いてしまった。近年改善の傾向にあるものの、まだまだ失敗の鬱憤（うっぷん）を、関係者への処罰をもって晴らす傾向は強い。失敗は次の成功に向けた知見を積みかさねることだ、という意識を持つ必要がある。

小さいということは、同じコストでいっぱい失敗ができるという利点でもある。これはまさに、１９５５年に東京大学・生産技術研究所で糸川英夫教授が全長23㎝のペンシルロケットで発射実験を開始した時のロジックだ。その意味では、日本はもう一度ペンシルからやり直すという意志を持つべきとも言える。

もうひとつ意識する必要があるのは、「狂気」を積極的に維持、育成することだろう。

「狂気」と書くと悪いことのように思えるが、この場合の「狂気」とは、イーロン・マスクが掲げる「火星植民」と同じような途方もない目標のことだ。

実際問題として「火星植民」は、大変に合理的な思考から導き出されている。第3章で一度書いたが、ここでもう少し詳しく、イーロン・マスクが「火星植民」を導き出した思考プロセスを繰り返しておこう。

まず、地球は文明の存立する拠点として最適な場所かという問いがある。長期的に地球環境は変動する。数億年単位では、生命のほとんどが絶滅する環境の大激変が起きる。100万年オーダーでは、人類が絶滅するほどの巨大噴火も発生する。決して文明が安穏と維持発展できる場所ではない。だから、文明のバックアップを地球以外の場所に作る必要がある。

では、どこに作るか。月は空気がなく重力が小さすぎる。14日間続く昼には表面の温度は100℃を超え、同じく14日間続く夜には零下170℃まで下がる。火星は、1年が687日と長いが、希薄ながら空気がある。1日は24時間37分と地球とほぼ同じだ。重力は地球の1/3。月よりは地球に近い。平均気温は零下63℃。地球の平均気温が14℃なので、大変厳しい。が、地球の観測史上最低気温は零下89・2℃なので、人類が耐えられない環境というわけではない。大気の主成分は二酸化炭素。人類は呼吸できないが、二酸化炭素から酸素を取り出すことができる。それどころか水素を持っていけば、ロケット推進剤となるメタンと液体酸素を製造することができる。火星の地下には大量の水が存在する可能性もある。もし水があれば、水素を持っていく必要もない。必要な資源はすべて火星で現地調達できる。

ここまで、すべて合理的な思考の積みかさねだ。主に狂気は「人類文明の持続可能な時間」、「数億年単位、１００万年単位の環境の変化」というような時間的スケールの大きさにある。

が、では長期の環境変動に人類社会が無策でよいのか、長期的な事柄を無視して短期的な経済的利益だけ考えていればそれで事が足りるのかといえば、そんなことはない。

２０１１年の東日本大震災は、ほぼ１０００年に１回の割合で発生する大規模災害だった。東日本大震災の前は、８９５年の貞観(じょうがん)地震だ。

貞観地震については、様々な記録が残っており、また近年の地質調査の進展で、どこまで津波が到達したかが、かなりのところまで判明している。「昔のことだから」と貞観地震のデータを軽視し、原子炉に対する津波対策を怠った結果が、東京電力福島第一原子力発電所の事故につながった。1000年に1回のリスクを軽視すれば、社会に取り返しのつかない損害が発生するのを、我々は身をもって体験したわけである。とするなら100万年に1回のリスクも数億年に1回のリスクも同様に軽視してはいけないのではなかろうか。イーロン・マスクの「火星に植民」という狂気は、単に与太話と嗤(わら)って片付けて良いものではない。

私は、インターステラテクノロジズの前身となった有志の集まり「なつのロケット団」の立ち上げに参加した。インターステラは、現在北海道・大樹(たいき)町を拠点として衛星打ち上げロケットを開発しているロケットベンチャーだ。

「なつのロケット団」で小さなロケットエンジンを作っていた2006～7年頃、我々が考えていたのは、「まず第一段階として、小惑星帯の探査。地質調査により核燃料となるウラン鉱脈が見つかったら、採掘し、空っぽの原子炉を小惑星帯に送り込んでエネルギーを生産、そのエネルギーでより大きなエネルギーを得る方法の研究開発を行い、そのエネルギーで太陽系を飛び出して恒星間飛行を実施」ということだった。当然その途中には小惑星帯への有人飛行が入ることになる。ちなみに、なつのロケット団有志のマンガ家・

あさりよしとおは、この構想を発展させて『アステロイド・マイナーズ』（徳間書店）というマンガを上梓している。

「だからそのために、まず第一歩としてもの凄く小さな自分たちのロケットエンジンを自分たちの手で作る。次にその小さなエンジンで小さなロケットを飛ばす」——こうして始めた〝大人の部活動〟が、現在のインターステラテクノロジズに発展した。社名の「インターステラ（Interstellar：恒星間）」には、「ロケットで衛星を打ち上げてビジネス、みたいな小さなこと考えているんじゃない。目指すは太陽系を飛び出して別の恒星系に向かう恒星間飛行だ」という意志が込められている。

「宇宙戦略基金」の第1期３０００億円には、経済産業省による「商業衛星コンステレーション構築加速化」が入っている。金額は９５０億円と第1期で最大だ。

これは必要な施策だ。が、同時に、この補助金が効果的に機能して日本で衛星コンステレーションを使ったビジネスが立ち上がったとしても、それはスペースXの「スターリンク」から10年遅れであるということを意識しておく必要がある。

スペースXは、競争者のいないブルーオーシャン市場に乗り出してスターリンクを構築した。スターリンクの登場により、世界は衛星コンステレーションの可能性に気が付き、今、世界中で新ビジネスが立ち上がりつつある。経産省の補助金事業は競争者が殺到するレッドオーシャン市場と化した分野への投資になるわけだ。

レッドオーシャンだからやるな、ではなく、すでにブルーオーシャンではないということを重々承知した上で補助金事業を進める必要がある。そしてそれがうまくいったとしても10年遅れだということも意識しなくてはいけない。

その上で、今後の10年遅れのレッドオーシャンへの巨額投資を避けるためには、イーロン・マスクの「火星へ植民」のような経済的合理性とは別の次元の「巨大な狂気」を身の内に飼っておく重要性を強調しておこう。

後を追うのは誰にでもできる。先んじるには狂気が必要で、正しい方向への狂気には、千年、１００万年、数億年、あるいは数光年、数十光年、というような桁外れのレンジを見通した冷静な論理の積み重ねが必要なのである。

有人飛行と宇宙科学に投資を

大きな方向性として「素速く動く」「狂気に思える時間スケールの大きな目標を持つ」を指摘した上で、もう少し短期的な視点で、日本の課題を指摘しておこう。

ひとつは「日本独自技術による有人飛行」だ。

日本の宇宙開発は徹底的に独自技術による有人飛行を忌避し、対米依存を選択した。日本の宇宙飛行士は最初はアメリカのスペースシャトルで飛行し、国際宇宙ステーション（ＩＳＳ）への往復にロシアの「ソユーズ」宇宙船が使われるようになるとソユーズに日本人宇宙飛行士を乗せた。ＩＳＳ往復がスペースＸの「クルー・ドラゴン」宇宙船になると、今度はクルー・ドラゴンに日本人宇宙飛行士が搭乗するようになった。国際協力有人月探査計画「アルテミス」では、日本人飛行士が月面に降りることになっているが、搭乗するのはアメリカの有人宇宙船「オリオン」であり、アメリカ企業のスペースＸが開発する月着陸船「ＨＬＳ」であろう。

有人宇宙飛行における徹底した対米従属は、「日本の宇宙船で日本の宇宙飛行士が死んだら、国民からの非難で日本の宇宙開発は停止する」というロジックで正当化されることもある。が、これは単なる責任逃れに過ぎない。なぜなら１３５回打ち上げて２回の死亡事故を起こしたスペースシャトルに、日本は何人もの宇宙飛行士を乗せているからだ。

「アメリカの責任で宇宙飛行士が死ぬのは自分の責任ではないので構わない。日本の宇宙船で死なれると責任問題だから困る」というだけなのである。あるいは敗戦国日本が、宇宙開発を進めるに当たって最高の技術である有人宇宙飛行には手を出しません、と従属を誓う犬のようにアメリカに腹を見せて寝転がっているという解釈も可能であろう。

が、有人宇宙飛行にも民間の波が押し寄せてきている。アメリカではCCDeVの補助金で、スペースXが「クルー・ドラゴン」有人宇宙船を完成させ、運航するようになった。クルー・ドラゴンでは、完全民間資金の有人打ち上げも行われている。CCDeVで開発されたもうひとつの有人宇宙船、ボーイングの「スターライナー」も2024年6月に、初の有人飛行を実施した。

世界を見渡せば、インドが2010年から独自有人宇宙船「ガガンヤーン」の開発を行っている。すでに最初の宇宙飛行士候補4人が選定され、訓練に入っている。近日中にインドが、旧ソ連、アメリカ、中国に続いて有人宇宙飛行を実施した4番目の国となるだろう。

日本が有人宇宙飛行を忌避しているうちに、有人宇宙飛行技術が世界のコモディティとなりつつあるのだ。

この分野は、「宇宙戦略基金」にも入っていない。つまり２０３０年代から40年代にかけて、「日本は有人飛行やりません」という態度である。が、コモディティ技術を持たない日本という自画像が誰の目からも明らかになったタイミングで、「やっぱりやろう」とあたふたしても、もう遅い。

小さく速く回して、有人宇宙飛行技術の研究に手を付けるべきだろう。最初から大きなものを作る必要はない。それこそ、ネズミのような小哺乳類を打ち上げて、無事回収するというところから始めるべきである。

もうひとつは宇宙科学だ。この「宇宙科学」には、地球観測と、太陽観測も含まれる。地球ももっとも身近な星であり、人類社会が存立する基盤だ。そして、太陽の研究は、地球環境に大きな影響を与える。

また、火星以遠、小惑星帯、木星系、土星系、さらには天王星系、海王星系、さらに太陽系の外側のカイパーベルト天体の探査にも意識的に注力していく必要がある。

過去数十年で主にアメリカが推進した外惑星方面の探査により、火星にはかつて生命が存在していた可能性が高まっている。あるいは、今も生命が存在しているのかもしれない。

それ以上に重要なのは、木星や土星の衛星に生命がいる可能性が高まっていることだ。

地球生命のように炭素を主体とした生命の存在に必要なのは、炭素、水素、酸素、窒素、リンなどの元素が存在していること、液体の水と、液体の水が存在できる温度条件だ。木星や土星の衛星にはその条件がそろっている。

木星の衛星エウロパには液体の海が存在することが判明している。同じく木星の衛星ガニメデにも液体の海が存在する可能性がある。土星の衛星エンセラダスには、間欠泉があり、宇宙空間に水を噴き上げていることが判明した。エンセラダスから宇宙空間に噴き出した水のスペクトル観測からは、二酸化炭素、アンモニア、ナトリウム塩、そして有機物が含まれていることが判明している。

地球以外の生命が発見できれば、生物学は起源が異なる2つの生命系統を比較研究することが可能になる。それにより、生物学がどのように発展するかは、今は予想も付かない。ただ、想像も及ばぬ大きな発展があるであろうことは予想できる。そこから、どのような経済価値が生まれるかは、これもまた予想できない。

が、予想できないから投資しない、というのは、最初からレースへの参加を放棄するようなものである。生命が存在する可能性は低いかもしれない。が、もし見つかったらその意味は人類の歴史を一変させるほど大きい。

アメリカは、最初期のパイオニア10号（１９７２年打ち上げ）／11号（１９７３年打ち上げ）から、一般にも良く知られているボイジャー1号／2号（共に１９７７年打ち上げ）、木星探査機「ガリレオ」（１９８９年打ち上げ）、土星探査機「カッシーニ」（１９９７年打ち上げ）、冥王星探査機「ニュー・ホライズンズ」（２００６年打ち上げ）と、着々と外惑星方面の探査を進めてきた。欧州はアメリカが挙げた成果を見て、木星衛星探査機「ＪＵＩＣＥ」を開発し、２０２３年4月に打ち上げた。日本はかろうじて、ＪＵＩＣＥに観測機器を提供する国際協力によって外惑星探査に食らいついているという現状だ。ＪＵＩＣＥは２０３１年に木星を周回する軌道に入って、木星本体及び衛星を観測し、最終的には木星最大の衛星ガニメデを周回する軌道に入り、ガニメデの詳細観測を実施することになっている。

外惑星方面の探査には、原子力が必須になる。探査機の電源として太陽電池が使えるのは木星までだ。土星などそれ以遠は、太陽光が弱くなるので原子力の電源がどうしても必要になる。「宇宙戦略基金」第1期では、文部科学省が「半永久電源システムに係る要素技術」という項目で15億円を支出する。アメリシウムの放射性同位体の発生する崩壊熱で発電する電源の基礎技術を今後4年かけて開発するというものだ。補助金の金額は小さいが、これは日本にとって大変重要な技術となるだろう。

宇宙生命探索のような事業には、確率は低いが当たりの目が出ればそれは大当たりになる性質がある。これは民間にはできない。政府が資金を拠出して継続的に事業を進めていく必要がある。日本の宇宙開発は、歴史的に「経済的価値を生む、ロケット技術と衛星技術を追いつき追い越せで開発する」ところに主眼を置いてきた。宇宙科学は政策としては、その「お添え物」というポジションで予算額も、宇宙技術開発の1／10程度という状況が長らく続いてきた。

しかし、今後は宇宙科学にこそ、政府が今後100年、1000年の人類史的に取り組むべき課題として積極的に投資していく必要がある。

我々はつい、明日、1週間先、1年先という目先の経済的利益や政治的な有利・不利で意志決定をしてしまいがちだ。が、宇宙に立ち向かうためには、ひとりの人間の寿命を超えた視野に立って物事を進める必要がある。

それは同時に、人類社会を１０００年、いやそれどころか1万年、10万年、１００万年と継続発展させることにもつながっていくのである。

あとがき

2024年現在の、激動する宇宙開発を巡る状況を、日本と世界を対比する形で書く、という意図で書き始めた本書だが、実のところかなりのことが内容から漏れてしまった。スペースXの動きがあまりに劇的で速いため、同社の記述がかなり増えてしまったからである。

〝ニュー・スペース〟のトップを走るスペースXに対抗する、米ユナイテッド・スペース・アライアンス社に代表される〝オールド・スペース〟の現状。欧州の対スペースXの動き、スペースXを追う米ブルー・オリジン社やロケット・ラボ社をはじめとした数々の宇宙ベンチャー、世界のトップに立たんとする中国、伸長著しいインド、さらには日本を追い抜こうと力を入れる韓国、トルコ、ベトナム、アラブ首長国連邦などの宇宙第2集団の各国――などなど。どうしても本書には盛り込み切れなかった。

今、宇宙開発の現場は沸き立っている。それはバブルの危うさをはらんだ活気だが、同時にこのような活気のある時期を経てこそ、産業が大きく成長することも間違いない。

物事が大きく動く時期にもっとも大切なことは、プレーヤーとして積極的に参加し、産業全体の伸びと共に成長することだ。この機会を逃すと、参入は容易なことではない。日本は敗戦による航空禁止で、航空技術が大きく変化する1940年代後半から1950年代初頭にかけて7年間の空白を作ってしまった。以来70年以上をかけても、国際的な航空産業への本格再参入はできていない。三菱スペースジェット（MSJ、旧名三菱リージョナルジェット［MRJ］）開発計画の挫折は記憶に新しい。

だから、今はなにがなんでも宇宙産業の世界的盛り上がりに食いついていくしかない。

本書の執筆・刊行に当たっては扶桑社の村山悠太さんに大変御世話になった。ありがとうございます。

カバーデザイン……小栗山雄司
ＤＴＰ制作……アーティザンカンパニー株式会社

松浦晋也（まつうら しんや）
ノンフィクション・ライター。宇宙作家クラブ会員。
1962年東京都出身。日経BP社記者を経て2000年に独立。航空宇宙分野、メカニカル・エンジニアリング、パソコン、通信・放送分野などで執筆活動を行っている。『飛べ！「はやぶさ」小惑星探査機60億キロ奇跡の大冒険』（学研プラス, 2011年）、『はやぶさ2の真実 どうなる日本の宇宙探査』（講談社新書, 2014年）、『母さん、ごめん。50代独身男の介護奮闘記』（日経BP, 2017年）など著書多数。

扶桑社新書503

日本の宇宙開発最前線

発行日 2024年7月1日　初版第1刷発行

著　　者………松浦 晋也
発 行 者………秋尾 弘史
発 行 所………株式会社 扶桑社
〒105-8070
東京都港区海岸1-2-20　汐留ビルディング
電話　03-5843-8842（編集）
03-5843-8143（メールセンター）
www.fusosha.co.jp

印刷・製本………中央精版印刷株式会社

Printed in Japan ISBN 978-4-594-09574-1